十天学会智能车
——基于 STM32

綦声波　江文亮　王新宝　郑道琪　张宏亮　编著

北京航空航天大学出版社

内 容 简 介

本书以全国大学生智能车竞赛为背景,以广泛使用的 STM32 为平台,以智能车制作过程中的学习顺序及遇到的技术问题为着眼点,系统讲述了智能车的制作和调试过程。全书共分 10 讲,其中,第 1 讲为智能车的发展、智能车竞赛历史和智能车技术概述;第 2 讲为 STM32 的入门知识,包括原理图及所用的编程环境,为智能车的软件设计打下基础;第 3 讲为智能车控制基础,主要是讲电机、舵机的控制,以及定时器/计数器的使用和模/数转换器;第 4 讲为智能车控制实战,主要是讲智能车各组成部分如何进行控制,包括人机界面及 STM32 的引脚模式;第 5 讲为智能车检测技术,主要是讲电磁检测的基本原理、转换技术及处理技术;第 6 讲为智能车控制算法,主要是讲负反馈控制思想、位置式和增量式 PID,以及 PID 参数的调节;第 7 讲为智能车负反馈控制,主要是讲编码器原理、计数器及闭环调速和分段调速;第 8 讲为基于 C# 的软件编写,主要是讲智能车上位机辅助调试软件的编写;第 9 讲为电路板设计与制作,这是智能车的硬件基础;第 10 讲为机械结构调校及优化方法,这是智能车的机械基础。

本书可作为低年级大学生学习智能车的培训教材,也可作为参加"全国大学生智能汽车竞赛"的高等院校学生和广大业余爱好者的参考用书。

图书在版编目(CIP)数据

十天学会智能车：基于 STM32 / 綦声波等编著. ──
北京：北京航空航天大学出版社,2019.8
ISBN 978-7-5124-3048-8

Ⅰ.①十… Ⅱ.①綦… Ⅲ.①智能控制—汽车—高等学校—教材 Ⅳ.①U46

中国版本图书馆 CIP 数据核字(2019)第 154802 号

版权所有,侵权必究。

十天学会智能车——基于 STM32
綦声波 江文亮 王新宝 郑道琪 张宏亮 编著
责任编辑 毛淑静

*

北京航空航天大学出版社出版发行

北京市海淀区学院路 37 号(邮编 100191) http://www.buaapress.com.cn
发行部电话:(010)82317024 传真:(010)82328026
读者信箱:emsbook@buaacm.com.cn 邮购电话:(010)82316936
北京九州迅驰传媒文化有限公司印装 各地书店经销

*

开本:710×1 000 1/16 印张:14.5 字数:309 千字
2019 年 9 月第 1 版 2023 年 5 月第 3 次印刷 印数:3 301～3 600 册
ISBN 978-7-5124-3048-8 定价:45.00 元

若本书有倒页、脱页、缺页等印装质量问题,请与本社发行部联系调换。联系电话:(010)82317024

对读者说的话

綦声波：十几年带领大学生参加智能车竞赛的经历，让我收获良多。看到一届届的学生走进智能车的天地中学习、提高并成才，我相信，未来无论他们是升学还是工作，智能车竞赛过程都是他们四年本科生涯中最值得回忆的一段历程。由于智能车涉及的知识面很广，在智能车的制作培训中，我常常苦闷于如何快速提高学生的智能车制作水平，特别是那些第一次接触智能车的入门者。只有在茫茫的知识海洋中去粗取精，并按照学生的认知特点组织教学，才能让入门者少走一点弯路，多一份从容和乐趣。这本基于STM32平台的智能车教材就是这样一种尝试。

江文亮：我是青岛宇智波电子科技有限公司的JSIR（一个奇怪的来自好友的称呼），于2017年毕业于中国海洋大学（硕士），工作后，还依然从事着当初在校学习的嵌入式行业。我分别于2012年、2013年、2014年参与了全国大学生智能车竞赛。之后，由于一些机缘巧合，我有幸参与了多个高校的智能车培训活动。在与学弟学妹们的交流中，我感慨良多，尤其是与他人分享和交流自己的知识，帮助嵌入式爱好者提高技术水平的过程中，让我感受到了作为一名分享者所拥有的快乐。于是，我在2018年创立了青岛宇智波电子科技有限公司，专门致力于科技创新教育，希望我们的付出，能够为嵌入式爱好者们带来帮助，传播快乐和创新、创意的灵感。

王新宝："育人、竞赛、精神"，提到智能车，让我联想起这几个词。从教育出发为起点，以竞赛作主体是舞台，最终学子们获得的是永久的精神财富。愿此书能为大家打开探索科学技术的大门，也伴随大家参与智能车竞赛的始终！

郑道琪：我是青岛宇智波电子科技有限公司的嵌入式研发工程师，很荣幸能够参编本书，在分享知识的同时也提升了自己。参与智能车竞赛是幸福的，也是充满挑战的。在做智能车的两年经历中，深感各种电路、程序和机械结构的知识门槛，对于一个没有接触过相关专业课程学习的"小白"是多么不友好。很多同学对智能车很感兴趣，但是上手时却对智能车涉及的各种技术望而却步。智能车涵盖的知识确实非常多，本书就把智能车涉及的各种知识融合到了一起,让初识智能车的同学能够快速地掌握各种入门知识,尽快让车跑起来,并能够知道怎么让智能车跑得更快。所以,这样一本智能车入门的书是非常有必要的。

张宏亮:非常荣幸能有机会跟大家分享一些智能车的知识和经验,希望通过本书能使读者快速入门并了解智能车,也希望读者能够灵活运用书中的知识,踏上嵌入式系统学习的快车道!

前　言

全国大学生智能车竞赛是一项以智能车为研究对象的创意性科技竞赛，融科学性、趣味性和观赏性为一体。智能车竞赛从技术上来说，涉及单片机技术、微机原理、模拟电子技术、数字电子技术、电机拖动、传感器原理与检测技术、电路原理、PID 控制、卡尔门滤波、C 语言编程、机械结构、电源技术等，几乎涵盖了自动化专业的方方面面；从非技术角度来说，它涉及竞赛策略、心理学、团队建设与团队精神等方面。因此，智能车竞赛对于参赛队员的锻炼是全方位的。也正因为如此，大多数初学者会感到入门难，特别是对于一些低年级大学生，因为知识储备不足，面对智能车不知从何下手，往往还没享受到智能车竞赛的乐趣，就先被困难吓倒了。

智能车竞赛组委会为了逐步提高我国大学生智能车的竞赛水平，避免"克隆车""继承车"的产生，保证竞赛的公平性，每年都会对竞赛规则做一些改变，使竞赛难度逐步增大，趣味性和挑战性增加。尽管智能车竞赛规则不断变化，但智能车的核心内容是不变的，例如智能车都要循迹行驶、都有 MCU 控制、都有硬件设计和软件编程、都需要机械调校等。其实，这些知识不仅智能车竞赛会用到，其他竞赛项目也会用到，例如机器人竞赛、电子设计竞赛等。随着人工智能、智能科学与技术、机器人工程、物联网等面向新兴产业且与自动化专业高度相关的"新工科"专业的陆续设立，智能车竞赛平台正在成为让众多学生受惠的综合性平台。因此，选择一款通用的平台，通过学习智能车的制作将所学知识融会贯通，面对任何竞赛或者工程项目都能做到从容不迫，以不变应万变是非常重要的。

"图难于其易，为大于其细"，通过将智能车的内容分解，各个击破，智能车的学习会变得简单而充满乐趣。本书选择当下性价比高的 STM32 平台，根据学生对知识的认识规律，对教学内容进行了精心筛选和安排，将智能车入门分为 10 讲。其中，第 1 讲为智能车的发展、智能车竞赛历史和智能车技术概述；第 2 讲为 STM32 的入门知识，包括原理图及所用的编程环境，为智能车的软件设计打下基础；第 3 讲主要是讲电机、舵机的控制，以及定时器/计数器的使用和模/数转换器；第 4 讲为智能车控制实战，主要是讲智能车各组成部分如何进行控制，包括人机界面及 STM32 的引脚模式；第 5 讲为智能车检测技术,主要是讲电磁检测的基本原理、转换技术及处理技术;第 6 讲为智能车控制算法,主要是讲负反馈控制思想、位置式和增量式 PID,以及 PID 参数的调节;第 7 讲为智能车负反馈控制,主要是讲编码器原理、计数器及闭环调速和分段调速;第 8 讲为基于 C# 的软件编写,主要是讲智能车上位机辅助调试软件的编写;第 9 讲为电路板设计与制作,这是智能车的硬件基础;第 10 讲为机械结构调校及优化方法,这是智能车的机械基础。

智能车竞赛是竞争非常激烈的竞赛,有时差 0.1 s 就是一等奖和二等奖的区别;智能车竞赛也是一个存在偶然性的竞赛,哪怕平时的训练水平再高,临场发挥不好也会影响最终成绩。做智能车不要怕失败,胜固可喜,败亦无忧! 胜者的奖项可以管用一阵子,但通过竞赛所获得的知识和能力却可以管用一辈子。这正如 10 个人同时在爬山,但山上只有两面红旗,最先爬上山的两个人拿到了红旗,另外 8 个人也爬上了山,却没有拿到红旗。难道没有拿到红旗的人就比拿到红旗的人差吗?组别不一样,对手也不一样,正如爬山时选择了不同的路,路况自然也不一样,但他们最后都爬到了山顶,都一样在山顶上欣赏着山下美丽的风景,谁说他们是失败者?

全国大学生智能车竞赛举办了十几届,已经培养了几十万的优秀大学生。这些优秀的竞赛选手大多是从"小白"开始起步的。"入此门来选择奋斗,出此门去已成大牛""为真才实学走进来,为勇闯世界走出去",因为锲而不舍和持续奋斗,无论最后成功还是失败,智能车竞赛都会成为他们大学四年中最值得回忆和骄傲的事情。

最后,感谢中国海洋大学智能车团队的历届成员,因为你们十几年如一日的坚持和奉献,才有了中国海洋大学智能车水平的持续进步,并惠及更多的学弟学妹!感谢青岛宇智波电子科技有限公司的赞助。参与智能车设计及参编本书的几个骨干成员都曾是竞赛达人,受益于竞赛而后奉献于竞赛,因为热爱,所以倾心! 在本书编写过程中,查阅了众多资料,感谢各位资料的编者及乐于分享的网友!个别参考内容未及时记录,加之编者水平有限,尽管在后期尽量补正,但疏忽和遗漏仍可能会发生,如发现不妥之处请及时联系编者做出修订,邮箱:qishengbo@ouc.edu.cn;jsir416@126.com。

綦声波
2019 年 5 月于青岛

目 录

第 1 讲 　什么是智能车 ·· 1
  1.1 　智能车与智能车竞赛 ·· 1
    1.1.1 　汽车、汽车电子与智能车 ··· 1
    1.1.2 　智能车竞赛 ·· 2
  1.2 　智能车技术概述 ··· 5
    1.2.1 　传感器 ·· 6
    1.2.2 　信号处理和运算电路 ··· 6
    1.2.3 　执行机构 ·· 7

第 2 讲 　STM32 入门 ··· 9
  2.1 　STM32 系列 ·· 9
  2.2 　原理图 ·· 10
  2.3 　初识 IAR ·· 13
  2.4 　点亮一个 LED ··· 15
  2.5 　IAR 的快捷方式 ·· 22

第 3 讲 　智能车控制基础 ··· 23
  3.1 　直流电机控制技术 ··· 23
  3.2 　伺服舵机原理 ·· 30
  3.3 　定时器/计数器 ·· 31
  3.4 　模/数转换器 ·· 33

第 4 讲 　智能车控制实战 ··· 36
  4.1 　概　述 ·· 36
  4.2 　例程使用方法 ·· 38
  4.3 　定时器/计数器 ·· 41

4.4 模/数转换器 ……………………………………………………………………… 47
4.5 OLED 液晶屏 …………………………………………………………………… 49
4.6 STM32 的引脚模式 ……………………………………………………………… 55
　　4.6.1 STM32 的 GPIO 模式 ………………………………………………… 55
　　4.6.2 I/O 的功能模式 ………………………………………………………… 55

第 5 讲 　智能车检测技术 …………………………………………………………… 62

5.1 概　述 …………………………………………………………………………… 62
5.2 电磁检测的电路原理 …………………………………………………………… 63
　　5.2.1 LC 谐振电路 …………………………………………………………… 63
　　5.2.2 运算放大电路 …………………………………………………………… 64
　　5.2.3 RC 滤波电路 …………………………………………………………… 68
　　5.2.4 电磁信号的 ADC 采集 ………………………………………………… 70
5.3 将传感器数据归一化 …………………………………………………………… 72
5.4 电磁传感器对应的偏差计算方法 ……………………………………………… 73

第 6 讲 　智能车控制算法 …………………………………………………………… 76

6.1 概　述 …………………………………………………………………………… 76
6.2 小车控制思想 …………………………………………………………………… 78
6.3 负反馈闭环控制系统 …………………………………………………………… 81
6.4 位置式与增量式 PID …………………………………………………………… 83
6.5 PID 的三个环节 ………………………………………………………………… 85
6.6 PID 参数的影响效果 …………………………………………………………… 87
6.7 分段 PID 系数 …………………………………………………………………… 89
6.8 模糊 PID 控制 …………………………………………………………………… 90
6.9 三个实例 ………………………………………………………………………… 92

第 7 讲 　智能车负反馈控制 ………………………………………………………… 94

7.1 概　述 …………………………………………………………………………… 94
7.2 编码器介绍 ……………………………………………………………………… 96
7.3 STM32 的计数器 ……………………………………………………………… 99
7.4 闭环调速 ……………………………………………………………………… 110
7.5 分段调速 ……………………………………………………………………… 117

第 8 讲 　基于 C# 的软件编写 ……………………………………………………… 119

8.1 概　述 ………………………………………………………………………… 119
8.2 智能车与上位机 ……………………………………………………………… 119
8.3 C# 入门 ………………………………………………………………………… 120
8.4 C# 必备知识介绍 ……………………………………………………………… 125

8.5　C#的事件驱动机制 ……………………………………………………… 127
8.6　C#的串口通信编程 ……………………………………………………… 129
8.7　C#的曲线绘制 …………………………………………………………… 134
8.8　C#的异常处理机制 ……………………………………………………… 138
8.9　C#的文件读/写操作 …………………………………………………… 142

第9讲　电路板设计及制作 ……………………………………………………… 151

9.1　概　述 …………………………………………………………………… 151
9.2　PCB技术综述 …………………………………………………………… 151
9.3　Altium Designer入门 …………………………………………………… 152
9.4　原理图库 ………………………………………………………………… 162
9.5　PCB库 …………………………………………………………………… 164
9.6　单片机最小系统PCB绘制示范 ………………………………………… 167
9.7　Altium Designer使用技巧 ……………………………………………… 174

第10讲　机械结构调校及优化方法 …………………………………………… 179

10.1　"恩智浦"智能车竞赛车模种类 ……………………………………… 179
10.2　"恩智浦"智能车竞赛车模修改要求 ………………………………… 181
10.3　"恩智浦"智能车竞赛车模简介及优缺点分析 ……………………… 182
10.4　常用的零件加工方式介绍 ……………………………………………… 185
10.5　"恩智浦"智能车的机械调校 ………………………………………… 186

附录A　U-X-F101系列智能车套件 ………………………………………… 198

附录B　U-X-F101智能车组装说明 ………………………………………… 200

B.1　元器件目录 ……………………………………………………………… 200
B.2　元器件清单 ……………………………………………………………… 201
B.3　装配说明 ………………………………………………………………… 202
B.4　U-X-F101智能车组装注意事项 ……………………………………… 210

附录C　U-X-F101智能车用户手册与常见问题解答 ……………………… 211

C.1　整车各部分说明 ………………………………………………………… 211
C.2　主板使用说明 …………………………………………………………… 211
C.3　参数说明 ………………………………………………………………… 212
C.4　使用注意事项 …………………………………………………………… 213
C.5　常见问题解答 …………………………………………………………… 213

参考文献 ………………………………………………………………………… 220

第 1 讲

什么是智能车

1.1 智能车与智能车竞赛

1.1.1 汽车、汽车电子与智能车

1886年1月29日,两位德国人卡尔·本茨和戈特利布·戴姆乐获得世界上第一辆汽车的专利权,这标志着世界上第一辆汽车诞生。自汽车诞生100多年以来,为改善汽车的使用性能,其机械结构一直处于不断发展和完善的过程中。在经历了近半个世纪的发展后,汽车在机械结构方面已经非常完善,靠改变传统的机械结构和有关结构参数来提高汽车的性能已临近极限。

现在的汽车早已成为机电一体化产品,汽车电子是电子技术与汽车技术的结合。当前,电子控制技术已经被广泛应用于汽车的各个方面,组成诸多汽车电子控制系统。根据不同的应用特点,汽车电子可以分为动力传动总成系统、底盘电子系统、车身电子系统以及信息和娱乐系统。这些汽车电子系统的采用,可以全面改善汽车的行驶性能,提高汽车的安全性、舒适性和易操作性。现在的"汽车"是带有一些电子控制的机械装置,将来的"汽车"将转变为带有一些辅助机械的机电一体化装置,"汽车"的主要部分不再仅仅是个机械装置,它正向消费类电子产品转移。

智能车辆的研究主要是基于模糊控制理论、人工神经网络技术和神经模糊技术等人工智能的最新理论和技术而开展的。同时,现代控制理论、自主导航技术等先进技术在智能车辆的研究中也开始逐渐发挥作用。对于未来的智能汽车,自动化技术不再是辅助驾驶员解决一些紧急状况下的部分操作,而是较全面地替代了人。在检测行驶状况、对驾驶操作的决策,尤其是对紧急状况的判别方面,将更突出智能检测、智能决策和智能控制的优势。这样的智能汽车能自动导航、自动转向、自动检测和回避障碍物、自动操纵驾驶,尤其是在装备有智能信息系统的智能公路上,能够在充分保证安全车距的情况下以较高的速度自动行驶。

智能车研究与应用具有巨大的理论和现实意义,举例说明如下:

在交通安全方面,由无人驾驶车辆研究形成的辅助安全驾驶技术,可以通过传感器准确、可靠地感知车辆自身及周边环境信息,及时向驾驶员提供环境感知结果,从

而有效地协助提高行车安全。同时,智能汽车的发展将大幅度提高公路的通行能力,大量减少公路交通堵塞、拥挤的情况,降低汽车油耗,可使城市交通堵塞和拥挤造成的损失减少 25%～40%,大大提高了公路交通的安全性。

在汽车产业自主创新方面,通过对无人驾驶车辆理论、技术研究,突破国外汽车行业专利壁垒,掌握具有核心竞争力的关键技术,可以为我国汽车产业自主创新和产业发展提供强有力的支撑。

在国防科技方面,"快速、精确、高效"的地面智能化作战平台是未来陆军的重要力量,无人驾驶车辆将代替人在高危险环境下(如化学污染、核污染)完成各种任务,在保存有生力量、提高作战效能方面具有重要意义,也是无人作战系统的重要基础。

不少世界汽车巨头和互联网公司都对无人驾驶汽车大力投入以进行相关研究,无人智能车未来会成为人们生活的一部分。据《北京市自动驾驶车辆道路测试报告(2018 年)》中的数据,2018 年北京市已为 8 家企业的 56 辆自动驾驶车辆发放了道路临时测试牌照,自动驾驶车辆道路测试已经安全行驶超过 15.36 万千米,到 2022 年,北京智能网联车辆测试里程达到 2 000 千米,这意味着在越来越多的马路上,市民将会看到自动驾驶车辆和普通车辆混合行驶。

1.1.2 智能车竞赛

智能车竞赛分为基于真实车和基于模型车两种。

世界上许多国家都已经有了自行研制开发的无人驾驶汽车,无人驾驶汽车也已经成功地横跨整个美洲大陆。美国国防部高等计划研究署甚至每年都会组织一次挑战赛,奖励那些在复杂路况下表现最好的无人驾驶汽车。这些汽车一般都会有雷达、摄像头、GPS 等工具来帮助车辆探知周围的路况,通过卫星导航信号来拟定最近的行程,并且通过计算机视觉的方式来判断障碍物。

我国的智能车未来挑战赛创办于 2009 年,是国家自然科学基金委员会重大研究计划"视听觉信息的认知计算"的重要组成部分。该竞赛目的就是通过在真实物理环境中的比赛交流和检验我国"视听觉信息的认知计算"研究进展,探索高效计算模型,提高计算机对复杂感知信息的理解能力和对海量异构信息的处理效率,以促进该重大研究计划取得更好的进展,促进该重大研究计划的原始创新。以 2017 年第九届中国智能车未来挑战赛为例,比赛分为离线测试、高速道路测试和城区道路测试三类,其中的高速道路测试首次引入真实交通环境,将自动驾驶车辆与普通车辆同路段行驶。城区道路测试更加复杂,智能车需要应付的异常情况也更多,是真正考验其"智能性"的场所。

由于真实无人驾驶车的研究投入大,试车过程中存在一些危险因素,用来做大学生的智能车比赛平台显然不太现实。而基于模型车的智能车投资小,可以设计专用跑道进行各种功能测试,集科学性、挑战性、趣味性于一体,其基本原理可以借鉴真实无人驾驶智能车,其研究成果也可以为真实无人驾驶智能车的研究提供参考。

基于模型车的比赛,当前最引人瞩目的就是全国大学生智能汽车竞赛。该项比赛起源于韩国,是韩国汉阳大学汽车控制实验室在当时的飞思卡尔半导体公司资助下举办的以 HCS12 单片机为核心的大学生课外科技竞赛。组委会提供一个标准的汽车模型、直流电机和可充式电池,参赛队伍要制作一个能够自主识别路径的智能车,在专门设计的跑道上自动识别道路行驶,谁最快跑完全程而没有冲出跑道并且技术报告评分较高,谁就是获胜者。

2000 年智能车比赛首先由韩国汉阳大学承办,每年韩国有 100 余支大学生队伍参赛。该项赛事得到了众多高校和大学生的欢迎,也逐渐得到企业界的关注。

这项比赛引入中国后,受到国家层面的重视,并深受相关专业大学生的喜欢,称为"飞思卡尔"杯全国大学生智能车竞赛(简称"飞赛",后来飞思卡尔公司被恩智浦公司收购,该竞赛又简称"恩赛")。该竞赛是受教育部高等教育司委托,由教育部高等学校自动化专业教学指导分委员会指导的赛事,下设秘书处,挂靠清华大学。

该竞赛以"立足培养,重在参与,鼓励探索,追求卓越"为指导思想,旨在促进高等学校素质教育,培养大学生的综合知识运用能力、基本工程实践能力和创新意识,激发大学生从事科学研究与探索的兴趣和潜力,倡导理论联系实际、求真务实的学风和团队协作的人文精神,为优秀人才的脱颖而出创造条件。竞赛组织运行模式贯彻"政府主导、专家主办、学生主体、社会参与"的 16 字方针,充分调动各方面参与的积极性。

2006 年在清华大学综合体育场举行了第一届智能车竞赛,来自全国 57 所大学的 112 支参赛队伍在模拟赛道上一决胜负。

2007 年在上海交通大学举办了第二届智能车竞赛全国总决赛。由于竞赛队伍的增多,本届比赛开始设置分赛区,分为东北赛区、华北赛区、华东赛区、华南赛区和西南赛区。从本年度开始,每届竞赛先进行分赛区竞赛,经选拔后的参赛队才能参加全国总决赛。

2008 年在东北大学举办了第三届智能车竞赛全国总决赛。比赛分两个组——光电组和摄像头组。竞赛分东北、华北、华东与华南四大赛区进行选拔,西南赛区因汶川地震临时取消,参赛队伍合并到其他赛区。

2009 年在北京科技大学举办了第四届智能车竞赛全国总决赛,分赛区恢复为 5 个赛区,将西南赛区改为西部赛区。本届竞赛增加了创意组的项目表演。

2010 年在杭州电子科技大学举办了第五届智能车竞赛全国总决赛,比赛由 5 大赛区升级为 6 大赛区,增设安徽赛区。本届新设了电磁组的竞赛单元,参赛者需要用电磁器件代替传统的光电和 CCD,通过磁感应来进行赛道信息的获取。2008 年的汶川大地震给当地的人们带来了巨大的灾难,全国人民团结一心抗震救灾,于是 2010 年的创意组比赛主题设定为"灾难救援"。

2011 年在西北工业大学举办了第六届智能车竞赛全国总决赛,依然沿用了上届的光电组、CCD组和电磁组三种类型,并首次采用飞思卡尔 32 位微控制器。创意组主题设定为智能交通管理。

2012 年在南京师范大学举办了第七届智能车竞赛全国总决赛,从 6 大赛区升级为 8 大赛区,增加了山东赛区和浙江赛区。本届电磁组要求两轮着地站立起来跑,通过在赛车中增加陀螺仪和倾角传感器,从而保持赛车的平衡。赛道的宽度从 50 cm 缩减为 45 cm,并且实现了双线判决。

2013 年在哈尔滨工业大学举办了第八届智能车竞赛全国总决赛,本届竞赛还邀请了 9 所境外高校参加。本届竞赛在赛道的路口加入了方向信号灯的判断,大赛逐步向着更加接近真实路况的方向发展。本届的"彩蛋"出现在闭幕式上,卓晴老师深情演唱《我和草原有个约定》。

2014 年在电子科技大学举办了第九届智能车竞赛全国总决赛,在本届的创意赛上,热爱挑战的哈尔滨工业大学的同学展出了自制的独轮自平衡车,并向主办方提出在未来的竞赛中加入独轮直立组的设想。

2015 年在山东大学体育馆隆重举行了第十届智能车竞赛全国总决赛,这是最后一届"飞赛",因为飞思卡尔半导体正式被恩智浦半导体收购,所以,以后的智能车竞赛不能再叫"飞赛"了。本届竞赛首次加入双车追逐的竞赛,采用电磁循迹方式运行。

值得一提的是,"飞赛"十年,培养了数十万智能车学子,为国家输送了大量优秀人才。时任山东明湖书画院副院长,书法家齐炳和先生撰写了"飞思卡尔冠名巅,车赛十年誉满天,山大倾心迎远客,泉城谱写创新篇"的诗词作品(见图 1-1),并作为礼物赠送给举办单位山东大学,现场令人感动。后来,该作品在 2018 年智能车全国总决赛期间的"智能汽车竞赛创新文化展"中展出,充分显示了智能车竞赛文化的魅力。

图 1-1 "飞赛"十年纪念诗

2016 年在中南大学举行了第十一届智能车竞赛全国总决赛,本届竞赛设基础类、提高类两个类别共 6 个赛题组。其中,基础类设光电组、摄像头组、电磁直立组、电轨组 4 个组,提高类设双车追逐组和信标越野组,由于信标越野组的进入,智能汽车竞赛首次有了无赛道比赛模式。

2017 年在常熟理工学院举行了第十二届智能车竞赛全国总决赛,竞赛分设竞速组和创意组两大类,包括光电四轮组、光电直立组、光电追逐组、电磁普通组、电磁节能组、电磁追逐组、双车对抗组及四旋翼导航组共 8 个组,并增加了环岛赛道新元素;

同时特别增加了中小学组。

2018 年在厦门大学嘉庚学院举办了第十三届智能车竞赛全国总决赛,本次竞赛分为光电四轮组、电磁三轮组、电磁直立组、双车会车组、无线节能组和信标组共 6 个竞速组,以及创意组和中小学组。

由于智能车竞赛涉及面非常广,从技术上来说,它涉及单片机技术、微机原理、模拟电子技术、数字电子技术、电机拖动、传感器原理与检测技术、电路原理、PID 控制、卡尔门滤波、C 语言编程、机械结构、电源技术等,几乎涵盖了自动化专业的方方面面;从非技术角度来说,它涉及竞赛策略、心理学、团队建设与团队精神等方面。因此,智能车竞赛对于参赛队员的锻炼是全方位的。

1.2　智能车技术概述

本节将从系统的角度讲解智能车的组成和各部分的功能,如果初学者对有些名词感到陌生,没有关系,因为在接下来的几讲中,对所涉及的专业词汇都会有详细的解释,在第 1 讲只希望大家对智能车能够有一个感性认识,拉近大家和小车之间的距离。

图 1-2 所示是智能车的基本组成部分。这里分为 3 部分对一台智能车进行讲解,分别是传感器、信号处理和运算电路、执行机构。任何智能小车都少不了这 3 部分。

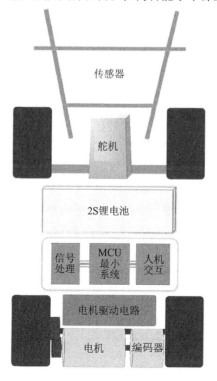

图 1-2　智能车组成部分

1.2.1 传感器

由传感器检测车身与赛道的偏离程度,将信息传达至单片机,单片机内的算法根据一定的规律进行运算,将运算结果进行功率放大以驱动执行机构(电机和舵机)。其中,电机负责提供小车运行中的前进动力,舵机负责驱动前轮转向。

传感器是一种检测装置,能感受被测量的物理信息,并能将感受到的信息,按一定规律变换成电信号或其他形式的信息输出。在智能车中,传感器用于检测车身与赛道的夹角,如图 1-3 所示。

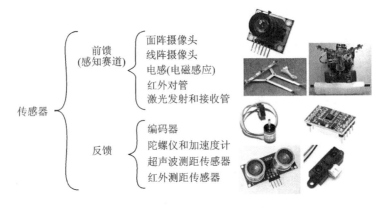

图 1-3 多种多样的传感器

有多种对赛道进行检测的方式,如摄像头、电感(电感、电容组成 RC 谐振电路检测跑道的交变磁场)、红外对管、激光发射和接收管、超声波探头(信标越野组的信标会发出超声波信号)。大体上,检测赛道的手段可以分为 3 类,分别是光电、电磁和声学。读到这里,小伙伴们会发现,传感器与物理学是息息相关的,它是基础物理学在实际中的应用。

在图 1-3 中,根据应用场合,将传感器分为前馈和反馈两大类,在这里做一个简单的划分:要控制的参数与检测的参数一致时,认为是反馈;不一致时,认为是前馈。例如,使用摄像头采集到车体前端的图片,但控制的是舵机转角,这种情况归入前馈;当使用编码器测量到电机的转速时,要控制的也是电机的转速,这种情况归入反馈。需要提醒读者注意的是,此处的传感器前馈和反馈划分仅仅是为了入门者容易理解,这和控制理论中的前馈和反馈概念并不完全一致。

智能车中,常用的反馈传感器有编码器(测量转速)、陀螺仪和加速度计(控制直立车与地面之间的夹角)、超声波和红外测距传感器(控制车与障碍物之间的距离)。

1.2.2 信号处理和运算电路

接下来讲解信号处理和运算电路。智能车的这一部分堪比人的大脑,通过对眼睛、耳朵等器官收集回来的信息进行归纳整理、记忆存储、逻辑思维和判断,最终根据需求,对手脚等执行部分发送指令。比如,当人们感受到外界温度很热时,就对手脚进行控制,拿起遥控器打开空调。另外,大脑还需要负责通过语言、眼神、手势、动作等多种方式与外界沟通交流。

如图1-4所示,前端信号处理部分电路,用于对传感器采集到的电路进行调理,比如"LC谐振、放大电路"对电感阵列收集到的交变电磁信号进行谐振选频,然后使用放大器进行信号的放大等处理;对使用模拟摄像头的情况,视频分离电路对信号中的行、场中断进行处理,从而提取出赛道的相关信息。后端信号处理部分的电路,用于对单片机输出的指令进行处理,最终送达执行机构,比如将单片机输出的电机旋转指令进行功率放大,从而驱动(详见第3讲中电机的驱动原理)电机调速和调向;人机交互部分的电路负责将单片机内部的信号发送至个人计算机上的软件(上位机)进行显示,或接收个人计算机软件的指令执行相应的操作,或通过液晶显示屏、按键等直接与人进行交互,这也被称为人机交互接口(Human Machine Interface,HMI);单片机最小系统中包含有CPU(中央处理器),能够执行负责的运算和控制,还包含有各种常用的功能模块,如串口通信模块(UART)、定时/计数器模块(TIMER)、通用输入/输出模块(GPIO)、直接内存存取模块(DMA)等。在第2讲中,对单片机部分有详细的论述。

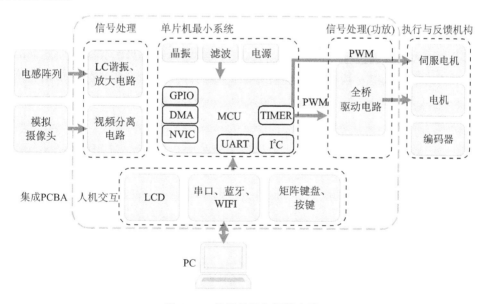

图1-4 信号处理和运算电路

1.2.3 执行机构

图1-5所示是智能车的执行机构,智能车中最常见的执行机构是直流有刷电机

和伺服舵机。直流有刷电机是车辆的动力输出机构,将电能转化为机械能,驱动车辆前进,通常是电机本体与减速齿轮系的结合。其他常用的电机还有步进电机、空心杯电机、直流无刷电机等,它们在驱动方式上存在差异。

(a) 直流有刷电机　　　　　　(b) 伺服舵机

图 1-5　智能车执行机构

　　常见的舵机分为模拟舵机和数字舵机,其中,数字舵机的内部是一个复杂闭环角度控制系统,通常由编码器、控制电路、电机、齿轮系等构成,用户只需要发送非常简单的指令,即可驱动舵机旋转至相应的位置。由于经常有读者对模拟舵机和数字舵机的区别有所疑问,下面就来分析一下吧。

　　模拟舵机是一种传统的舵机,有多年的使用历史,随着微电子技术的兴起,出现了更为先进的数字舵机。对于数字舵机和模拟舵机,除了数字舵机增加了微处理器以外,看起来并没有什么很大的区别(微处理器用于分析输入的控制指令,并控制马达转动)。但是,我们要认识到数字舵机和模拟舵机的差别其实是非常大的,虽然它们有着相同的马达、齿轮和外壳,同样的反馈电位器,看起来极其相似。两者大的差别在于数字舵机改善了处理输入控制指令的方式,改善了控制舵机马达初始电流的方式,减少了无反应区(模拟舵机对小信号的反应不明显),增加了分辨率及产生了更大的输出力。

第2讲

STM32 入门

2.1 STM32 系列

首先介绍一位新朋友——单片机(单片微型计算机),别名微控制器,英文名(Micro Controller Unit,MCU)。单片机,是把组成微型计算机的各种功能部件,包括 CPU(中央处理器)、RAM(随机存储器)、ROM(只读存储器)、FLASH(闪存)、I/O(输入/输出接口电路)、定时/计数器、中断系统等功能部件集成于一块芯片上,构成一个完整的微型计算机系统。单片机通常用于一些对尺寸、功耗、成本有严格要求的产品中,对很多项目来讲,通常的家用 PC 或工厂的工控计算机会显得体积过大、功耗过高,而且也不需要那么多功能,有大材小用的意味。嵌入式工程师要做的事情,就是"量体裁衣",用一块具有更小的尺寸、合适的功能、更低的功耗与成本的芯片,来完成嵌入式系统所需的功能。

对于想学习嵌入式系统的朋友,应该或多或少都听说过 STM32,它是意法半导体(ST Micro electronics)于 2007 年 6 月 11 日推出的,是基于 ARM Cortex® 内核的一款高性能、低成本、低功耗的经典 MCU。STM32 以其高超的性价比、丰富的外设功能、完善的例程,吸引了众多嵌入式工作者的目光,近些年来,在国内嵌入式系统开发的浪潮中经久不衰。甚至国内也推出了功能、引脚都完全兼容的芯片 GD32,以期与之竞争。

下面就来看看 STM32 的庐山真面目吧。

图 2-1 所示的面容方正的"小伙子"就是今天的主角——STM32F103,它是 STM32 众多兄弟姐妹(F0、F1、F2、F3、F4、F7、H7、L0、L1、L4 系列)中的一员,是性能和价格都较低的一款。但是,对于入门级的学习者,以及对于目前生活中大多数的嵌入式产品开发,它都能应付得游刃有余。

图 2-1 STM32 实物

2.2 原理图

原理图,顾名思义,就是表示电路板上各器件之间连接原理的图表。读懂原理图对嵌入式工作者来讲,是一项必备的技能,因为程序的编写必须适应于电路的设计,所以,对单片机进行编程之前,要首先能够看懂原理图。

图 2-2 所示为截取自附件《SMARTCAR_STM32》中的 STM32F103 单片机的最小系统。什么是最小系统?最小系统的意思是,能够维持芯片实现基本功能的最简化的功能单元。

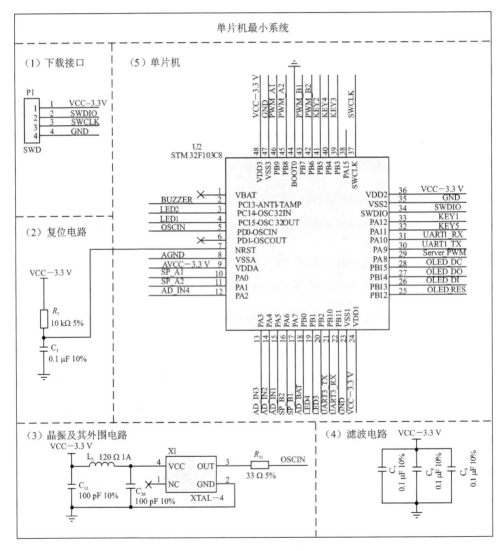

图 2-2　STM32F103 单片机的最小系统

图2-2对STM32F103C8T6的最小系统原理图用虚线框划分为5部分,下面分别对这5部分的电路进行分析。《道德经》上有"图难于其易,为大于其细"的说法,每当遇到复杂问题时,我们便采用"功能分解,各个击破"的方法。这5小部分是:①下载接口;②复位电路;③晶振及其外围电路;④滤波电路;⑤单片机。

(1) 下载接口

图2-3所示是SWD下载接口,用于对单片机内的程序进行读/写或在线调试,具体细节在之后的讲解中会有介绍。图2-3中黑色的带有数字的线称为"引脚",它是各种模块、芯片、端子等与外界进行电气交互的通道,是原理图的重要组成元素。原理图中的方块,代表某种具体的模块、芯片或端子,通常在方块的附近都会找到两个角标,表明该模块的具体信息。如图2-3中的"P1"是它的标号(Designator),这是原理图中的唯一识别号,任何两种器件的标号不出现重复;"SWD"是它的说明(Comment),通常是用于让设计者说明器件的一些必要信息。基本上,原理图中任何一个器件都具有这两个角标,设计者也可以选择对某些角标的显示进行隐藏。图2-3中,右侧的内容是网络标号(Net Label),用于表示电气连接,通俗地讲就是电路板上的导线。对于有些距离比较远,或者出现走线交叉的原理图,通常使用网络标号来代替在图中的连线,这样会使原理图的逻辑关

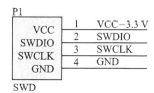

图2-3 下载接口

系更加清晰。若无网络标号,则整个电路原理图设计会增加设计人员的负担,而且会因引线太多而显得凌乱。

我们再来审视一下图2-3,有一个叫作P1的SWD下载接口,它拥有4个引脚,分别是 VCC、SWDIO、SWCLK、GND;功能分别是电源正极、双向数据端口、时钟端口、电源负极。在P1上引出了4根导线连向其他器件。这便是图2-3中原理图所表达的含义。

(2) 复位电路

图2-4(a)所示是上电复位电路,电源刚打开时,由于电容C_3两端的电压无法突变,所以A点电平接近0V,随着电容逐渐充电,A点电压逐渐升高,直至3.3V。给STM32提供一个上电复位的电平变化(A点接STM32的NRST引脚,NRST接低电平时复位,高电平时正常运行)。若不考虑单片机复位引脚内部电路,A点电压上升曲线如图2-4(b)所示。根据大学"电路"课程中所学的公式时间常数$\tau=RC$可知:当经过时间τ,如1ms时,A点电压为0.63倍的电源电压,即2.079V。

(3) 晶振及其外围电路

图2-5所示是晶振及其外围电路。晶振,是石英晶体振荡器的简称,其利用压电效应,产生某个固定频率的脉冲,用于为单片机提供时钟标准,相当于单片机的心脏。有源晶振X1具有4个引脚,分别是1号NC(Not Connect),2号GND(电源负极),3号OUT(输出引脚)和4号VCC(电源正极)。在4号引脚上,用C_{13}、L_1、C_{26}

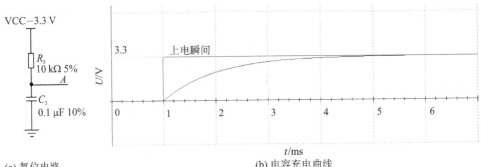

(a) 复位电路　　　　　　　　　(b) 电容充电曲线

图 2-4　复位电路与电容充电曲线

构成了"π型"低通滤波电路对 3.3 V 电源进行旁路滤波(滤除高频杂波,减少由电源处耦合进晶振的干扰)。在 3 号引脚处串接电阻的作用是产生负反馈,保证放大器工作在高增益的线性区,同时起到限流的作用,防止反向器输出对晶振过驱动,损坏晶振。

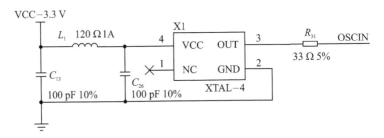

图 2-5　晶振及其外围电路

(4) 滤波电路

图 2-6 中命名为 C_7、C_8、C_9 的 3 个 0.1 μF 的电容,在 STM32 的 3 个供电引脚处就近摆放,用于滤除外界耦合进 3.3 V 的杂波干扰,或单片机内部对外耦合的杂波干扰,又被称为"去耦电容",是嵌入式应用中最常用的电源去耦方法。

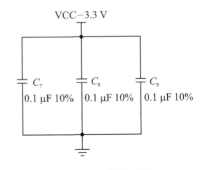

图 2-6　滤波电路

(5) 单片机

接下来看一下最重要的部分,即单片机本身,在图 2-2 中的标号为 U2,这是一个 48 引脚的 MCU。由图 2-2 可以看到,在其周围的众多引脚上,基本都放置有网络标号,每一个网络标号都代表一路电气连接,实现某种功能。

2.3 初识 IAR

我们要认识的另一个新伙伴——IAR Embedded Workbench,是一种嵌入式工程师常用的集成开发环境(Integrated Development Environment,IDE)。什么是集成开发环境呢?就是将完成一件事情(通常是一个工程)所需的各种各样的软件工具集成在一起,形成一个功能强大、操作简便的新软件,我们称之为集成开发环境。IAR 这个名字,是瑞典语 Ingenjursfirman Anders Rundgren 的缩写,意为 Anders Rundgren 工程公司,而 Anders Rundgren 则是该公司的创始人,一位天才的程序员,特别是在嵌入式编程方面。

对于单片机的软件开发来说,我们把要做的每件事情都称为一个工程(Project),而 IAR Embedded Workbench 就是辅助我们完成工程的工具,为方便起见,简称其为 IAR。对于嵌入式软件工程师而言,最常用的工具有两种:KEIL 和 IAR,这两种软件都拥有大量的拥趸,可谓是平分秋色,不相伯仲。但鉴于智能车的绝大多数例程都是使用 IAR 编写的,因此这里着重讲解 IAR 的使用。

IAR 的功能众多,可配置的选项也很多,如果从新建工程和配置一步步讲起,则会降低本书的趣味性,而且让大家走一遍这个过程并不会有什么实际性的知识上的收获,无非就是将一种软件用的更熟了,换另一种软件,还是得重新走另一套过程。因此,这里并不详细讲解这个软件的使用细节,对新建工程等有兴趣的同学,可以查看 Help 文档,或者自行网络搜索学习即可。

需要注意的是,每款单片机的官方都会提供一些示例程序和相关的开发文档,方便开发者快速上手。我们今天要讲的例程,就是在 STM32 官方例程的基础上,加以整理和封装,增加详细的注释形成的。有兴趣的同学可以制作自己的例程,在意法半导体 STM32 中文社区可以便捷地获取到官方例程(固件库)。目前,STM32F1 系列最新版标准固件库已更新至 V3.5,全称是 STM32F10x_StdPeriph_Lib_V3.5.0(同时包含了 KEIL 和 IAR 的示例工程)。

本书使用 IAR Embedded for ARM 8.1 及以上的版本,在我们附赠的资料中,打包有 IAR8.1 的下载地址和安装方式,按照视频的讲解安装即可。打开软件后,先来熟悉一下软件界面。在附件中找到 UZIBO_STM32F1 例程包,双击打开 UZIBO_STM32F1.eww 文件,即可打开如图 2-7 所示的界面。

首先分析一下软件结构。软件的上侧有标题栏、导航栏、快捷键,与各种常用的软件相同,这里不做过多讲解。这里介绍在编写程序时常用到的几个功能,在导航栏的 Project 菜单中可以找到它们:

- Make(常用):编译,连接当前工程(只编译有改动的文件,或者设置变动的文件;工程窗口中有变动的文件右边会有个 * 号)。
- Compile:只编译当前源文件(不管文件是否改动,或者设置是否变动)。

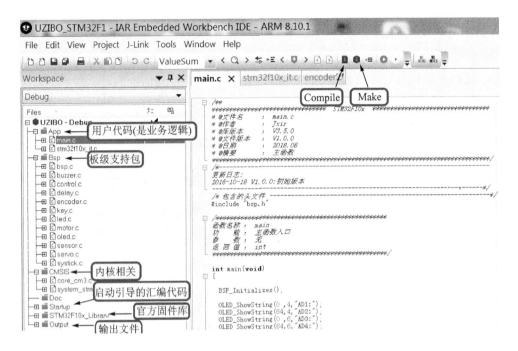

图 2-7 IAR 界面

> Clean：清除当前工程的编译状态。
> Rebuild All：编译，连接当前工程（不管文件是否改动，或者设置是否变动）。

在快捷键栏目里可以添加它们的快捷键，默认有 Compile 和 Make 的快捷键，如图 2-7 中右侧的箭头所示。

左侧的 Workspace 是工作空间，一个 Workspace 可以含有多个 Project（工程），每个工程对应一份例程或实际工作中的一个项目。通常，在一个 Workspace 中只添加一个 Project。

在 Workspace 中有一个叫作"UZIBO"的工程，该工程分为 6 个主要部分，以文件夹的形式进行存放。分别介绍如下。

> App：用于存放用户代码，通常是与业务逻辑有关的代码。
> Bsp：用于存放库函数与应用层的中间层代码，在官方的底层库与用户的业务逻辑之间架起桥梁，提供用户编写业务逻辑时更便捷的底层硬件调用的接口（说得直白一点，Bsp 通常由电路板的提供商撰写，代码与电路板中的功能紧密关联，封装程度高，调用简单）。
> CMSIS：英文全称为 Cortex Microcontroller Software Interface Standard，它是 ARM 公司与多家不同的芯片和软件供应商一起紧密合作定义的，提供了内核与外设、实时操作系统和中间设备之间的通用接口。
> Startup：用于引导 CPU 启动时进行正确配置的代码，用汇编语言编写而成。

➢ STM32F10x_Library:STM32 的官方固件库。
➢ Output:编译产生的输出文件,包含.hex 文件。

以后随着大家的学习,会接触越来越多的单片机,越来越多的例程,但是程序的组织形式都大同小异,熟悉以上所讲的内容,在今后的嵌入式软件编程中,就可以根据实际情况进行触类旁通了。

2.4 点亮一个 LED

点亮一个 LED(Light Emitting Diode,即发光二极管),对嵌入式工作者而言,就像软件工程师的"Hello World"。当你从事嵌入式工作若干年后,再回想起来,真想象不出,点亮一个 LED 居然能带来那么大的成就和快乐。

只要在 LED 正极和负极施加一定的电压,它们就会被点亮。首先,查看一下原理图中关于 LED 的部分。图 2-8 所示是 4 个 LED 的原理图,分别接在单片机的 3、4、19、20 引脚上。通过原理图,我们可以看到每个 LED 的正极都串接了一个 1 kΩ 的电阻,我们只需要在单片机 3、4、19、20 引脚上输出一个高电平,就可以点亮这些 LED。接下来的工作打算点亮 LED4,所以需要控制 19 引脚 PB1 输出一个高电平。

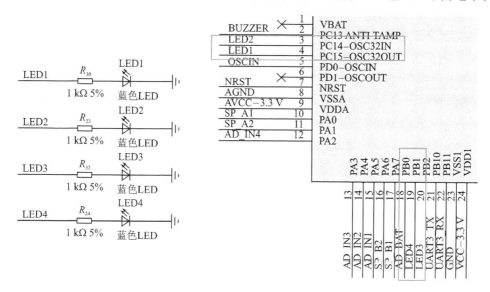

图 2-8 原理图中的 LED

其代码如下:

```
//使能 GPIOB 的时钟
RCC_APB2PeriphClockCmd(RCC_APB2Periph_GPIOB, ENABLE);
//定义一个用于 GPIO 初始化的结构体
GPIO_InitTypeDef GPIO_InitStructure;
```

```
//对引脚进行常规参数的配置
GPIO_InitStructure.GPIO_Pin    = GPIO_Pin_1;          //具体引脚
GPIO_InitStructure.GPIO_Speed  = GPIO_Speed_2MHz;     //输出带宽,带宽配置越高,噪声
                                                      //和功耗越大
GPIO_InitStructure.GPIO_Mode   = GPIO_Mode_Out_PP;    //输出类型(推挽式输出)
//函数作用:根据 GPIO_InitStruct 中指定的参数初始化 GPIOX 外设
GPIO_Init(GPIOB, &GPIO_InitStructure);
GPIO_WriteBit(GPIOB, GPIO_Pin_1, Bit_SET);            //点亮 LED4
```

以上 7 行代码实现了对 GPIOB 的第 1 引脚,即 PB1,进行了初始化和拉高电平的设置,小伙伴们可以尝试把这段代码放入 main 函数中运行试试,对于一些函数变量,可以右键使用 Go To 指令,查看其源代码。相信用过 Arduino 的同学一定会感到有点儿槽:代码太多了,在 Arduino 中一行就能实现的任务,在 STM32 中却需要 7 行。大家稍安勿躁,这就像单反照相机拍照和手机拍照的区别:一个偏重于专业,可调整;另一个偏重于简单,傻瓜式。各有各的优缺点。

先分析第一行对时钟使能的操作:

```
RCC_APB2PeriphClockCmd(RCC_APB2Periph_GPIOB, ENABLE);
```

为了降低功耗,STM32 对于不同的外设,可以单独控制其时钟线的开启或关闭,复位后的外设时钟线默认是关闭的,使用前需要打开。STM32F1 系列单片机将外设的时钟分为了 3 条总线,分别是 AHB、APB1、APB2。以上代码中的函数是从固件库的 stm32f10x_rcc.c 文件中得到的,在这里用于打开挂在 APB2 上的 GPIOB 外设的时钟。

```
GPIO_InitTypeDef GPIO_InitStructure;
GPIO_InitStructure.GPIO_Pin    = GPIO_Pin_1;          //具体引脚选择
GPIO_InitStructure.GPIO_Speed  = GPIO_Speed_2MHz;     //输出带宽,带宽配置越高,噪
                                                      //声和功耗越大
GPIO_InitStructure.GPIO_Mode   = GPIO_Mode_Out_PP;    //输出类型(推挽式输出)
GPIO_Init(GPIOB, &GPIO_InitStructure);
```

接下来的几行代码初始化了一个结构体变量,然后对结构体变量的内部成员赋值,最后以这个变量作为实参,输入 GPIO_Init( )函数,完成对 PB1 的初始化。这里用到的所有函数,在 stm32f10x_gpio.c 文件中都有详细的备注说明,希望大家能够耐心地看一下英文原版注释。有的小伙伴会问,即使官方提供了结构体和函数,为什么一定要这样组织和调用它们呢?因为在官方的固件库中提供了相应的例程,示范了如何调用其自家的库,显然,如果大家都遵循这个基本相同的规则,那么相互交流就有了基础,一旦自己的程序出现了问题也好向"大佬"们求救。除非你本身就是"大佬",已经通天彻地,如果放到武侠小说中,就是"东邪、西毒、南帝、北丐"层次的人物,自然可以不守规则,自立门户。

聪明的小伙伴可能已经发现,对于所有外设,在固件库不变的情况下,如何组织代码操作外设其实是固定的,也就是说是一种套路,只要掌握了,就可以触类旁通。学会了点亮 LED,就相当于学会了所有外设的使用,包括 TIM、DMA、UART 等。再往远想,根据同样的道理,聪明的小伙伴会发现,学会了 STM32 的点亮 LED,理论上就能够使用所有提供固件库的微处理器。当然,为了帮助一些新入门的同学,在接下来的内容里,还会继续讲解其他外设的使用。

那么,作为 BSP,对以上的操作进行了一些封装,让复杂的代码变得精简,最终只需要在 main 函数中按照如下书写,就可以点亮 LED4 了:

```
BSP_Initializes();
GPIO_WriteBit(GPIOB, GPIO_Pin_1 ,Bit_SET);
```

在 BSP_Initializes()函数中,我们将初始化的代码进行了精简,在没有特殊需求的情况下,直接调用即可(GPIO_WriteBit()函数在固件库中已经足够精简了,因此我们没有对其进行封装),达到了为用户提供编写业务逻辑时更便捷的硬件接口的目的。LED 在图 2-9 中为白色粗框标注部分。

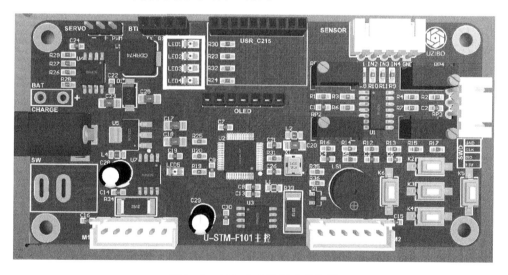

图 2-9 LED 在电路板中的位置

加一个简单的循环作为延时,做一些调整,小灯便可以闪烁了,示例代码如下:

```
int main(void)
{
    BSP_Initializes();
    while(1)
    {
        GPIO_WriteBit(GPIOB,GPIO_Pin_1,Bit_SET);        //点亮 LED4
        for(int i = 0;i< = 100;i ++ )
```

```
            {
                for(int j = 0;j<=60000;j++)
                {
                    ;
                }
            }
            GPIO_WriteBit(GPIOB,GPIO_Pin_1,Bit_RESET);      //熄灭 LED4
            for(int i = 0;i<=100;i++)
            {
                for(int j = 0;j<=60000;j++)
                {
                    ;
                }
            }
        }
    }
```

编写完程序,接下来讲解一下如何下载程序。

首先进行下载器配置。在项目名称"UZIBO"处右击,在弹出的快捷菜单中选择 OPTIONS,在 Setup 选项卡中的 Driver 下拉列表框中选择 J‑Link/J‑Trace,然后单击 OK 按钮,如图 2‑10 所示。

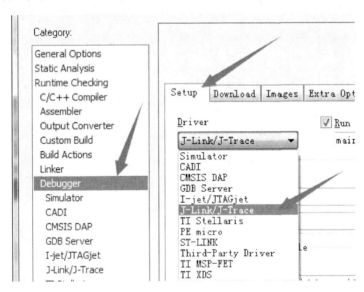

图 2‑10　下载器配置

接下来,切换到 Connection 选项卡,在 Interface 选项组中选中 SWD 单选按钮 (见图 2‑11),单击 OK 按钮。

连接配套的下载器与智能车主控,如图 2‑12 所示。将下载器插入 USB 口,若

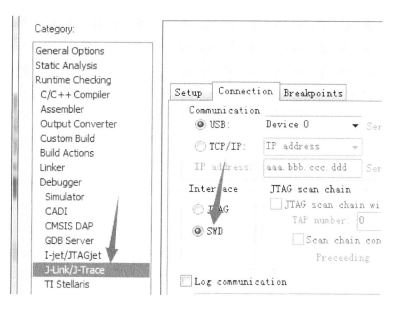

图 2-11 下载器配置

驱动已安装,则在计算机的右下角会弹出提示;若没有安装驱动,则可以使用驱动精灵等软件辅助安装。

图 2-12 连接下载器

在快捷栏里找到下载按钮,鼠标放置其上会显示"Download and Debug"(见图 2-13),单击即可。下载完成后会自动进入调试界面,调试界面最明显的变化是快捷栏的图标发生了很大的变化(见图 2-14)。单击叉号将调试界面关闭即可,程序会自动在单片机中运行。

这里对 STM32 的下载方式进行讲解。最常用的下载器是一款叫作 J-Link 的下载器,J-Link 是为 ARM 内核芯片推出的仿真器,配合 IAR、ADS、KEIL 等集成开发环境,支持所有 ARM 7/ARM 9/ARM 11、Cortex M0/M1/M3/M4、Cortex A5/A8/A9 等内核芯片的下载和仿真。

图 2-13 下载按钮

图 2-14 调试界面下的快捷栏

JTAG 是一种国际标准测试协议(IEEE 1149.1 兼容),主要用于芯片内部测试;SWD 协议是 ARM 内核调试器的一种通信协议。JTAG 和 SWD 是我们对 STM32 进行下载和调试的两种常用方式。可以看到,在硬件上它们是相互兼容的,常用的 J-Link 基本都支持这两种方式。它们最大的区别是,JTAG 方式需要的引脚较多,图 2-15 中所示的引脚基本都需要用到;而 SWD 方式只需要 SWDIO、SWCLK、VCC、GND 这 4 个引脚就可以完成同样的功能,而且在高速模式下的性能更优,所以成为小尺寸电路板的首选方式。

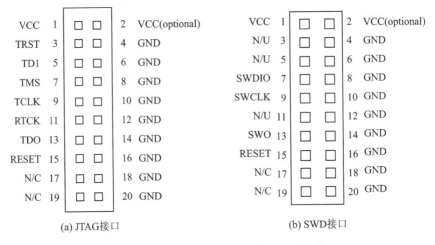

图 2-15 ARM 内核的两种常用调试方式

我们的电路板和下载器使用的是 SWD 方式。接下来将讲解基本的在线调试技术。

图 2-16 所示是在线调试的界面。箭头代表程序目前即将运行的代码,圆点是断点,用左键可以在代码左侧增加或删除断点。断点可以使程序在断点处停止运行,方便查看阶段性的运行结果,以观察现象,观察数据的值,或查看内存单元的内容,以

排查 bug。右上角有如下几个常用的调试快捷键：
- Stop Debugging：退出调试器。
- Step Over：单步执行一条 C 语句或汇编指令，不跟踪进入 C 函数或者汇编语言子程序。
- Step Into：跟踪执行一条 C 语句或汇编指令，跟踪进入 C 函数或者汇编语言子程序。
- Step Out：启动 C 函数或汇编语言子程序从当前位置开始执行，并返回到调用该函数或子程序的下一语句。
- Next Statement：直接运行到下一条语句。
- Run to Cursor：从当前位置运行到光标指定处。
- Go：全速运行直至遇到断点，若没有断点，则持续运行。
- Break：终止运行。
- Reset：复位。

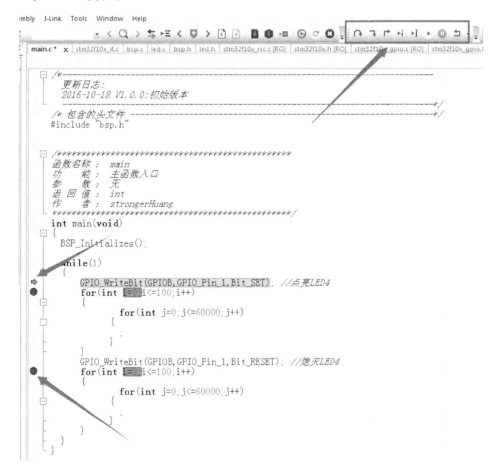

图 2-16　在线调试界面

锤子科技的罗永浩曾说过"那些真正重要的知识,是你亲手尝试过一遍的知识"。要掌握以上所述的调试方法,建议大家亲自尝试一下,便会有很深的感触。我们现在学习了下载和调试,同学们动手试试让自己的小灯闪烁吧。

小作业:用 4 个小灯制作流水灯。

另外一种常用的调试方式是 Live Watch,顾名思义,它是用于在线调试过程中实时观测变量的值的,但是只支持全局变量(观测局部变量,可以将其赋值给全局变量)。在线调试状态下,单击 View,再单击 Live Watch,即可打开在线调试界面,通常出现在屏幕的右侧。将想要观测的变量复制粘贴在 Expression 列中即可,也可以使用左键拖拽的方式,将要观测的变量拖进 Live Watch 的表格中(见图 2-17)。

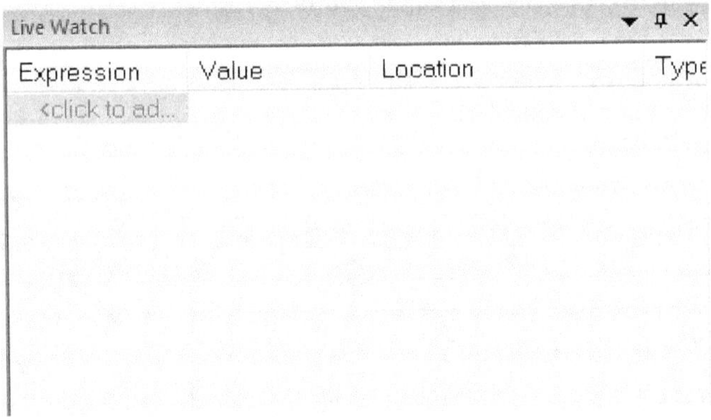

图 2-17 Live Watch

2.5 IAR 的快捷方式

在这里,附赠一些 IAR 的常用快捷键,一旦熟练使用,将会成为编程过程中的利器。

搜索:Ctrl+Shift+F(很常用,可以代替 Go To 指令)。

向下查找:Ctrl+F。

替换:Shift+F。

注释:Ctrl+K。

取消注释:Ctrl+Shift+K。

下载和编译:Ctrl+D。

跳到指定行:Ctrl+G。

智能选择光标所在括号内的区域,多次使用可选更大的区域:Ctrl+B。

自动缩进:Ctrl+。

第 3 讲

智能车控制基础

"工欲善其事,必先利其器",在第 2 讲中,我们介绍了两件利器,单片机与嵌入式开发环境 IAR。在这一讲中,我们会围绕着小车控制的基础知识,讲解电机、PWM、H 桥、舵机原理、定时/计数器,主要偏重于原理性的知识,为第 4 讲的实战打好基础。

3.1 直流电机控制技术

最常用的直流电机可以分为直流有刷电机与直流无刷电机,这两种电机在原理、控制技术上都有较大的区别。目前,四轴飞行器多使用直流无刷电机,模型机车及智能车多使用 RS 直流有刷电机(智能车竞赛节能组可能会用到直流无刷电机)。

我们主要针对智能车使用的 RS 系列电机进行讲解。智能车最常用的电机为 RS380 和 RS540,关于 RS 电机的型号:R 指的是电机的形状是圆形的,S 指的是电机内碳粒的材质是石墨碳粒,38 和 54 指的是电机的直径,0 指的是电机转子的槽数为 3 个槽。

如图 3-1 所示,直流有刷电机的原理较为简单,电源的电能通过电刷和换向器进入电枢绕组,产生电枢电流,电枢电流产生的磁场与主磁场相互作用产生电磁转矩(可看作是电磁铁和永磁体之间的相互作用),使电机旋转带动负载。

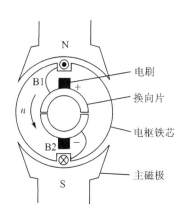

图 3-1 直流有刷电机工作原理

对智能车来讲,我们的任务是通过单片机控制电机的转速和转向,这也是常见的电机调节的两项基本任务。简单来讲,对于直流有刷电机,只要在正、负极之间加电压,就可以使电机旋转,电压低则转得慢,电压高则转得快,调换电源的正、负极,电机转向反向。对于手边恰好有直流可调电源及电机的同学们,现在就可以开始做实验了。将可调电源调至 1 V 左右的电压,接在电机的电源正、负极之间,缓慢地调节直流电源的输出,观察转速的变化;然后将电源反接,观察电机转向的变化。

接下来讲解如何使用单片机来控制电机的转速。首先,对于初学者,必须要清楚一个重要概念:功率。在做电子设计的这么多年中,由于功率的问题,遇到过许多奇奇怪怪的问题。对于初学者,弄不清功率这个概念又该如何将其运用在设计中?最基本的问题,就是在任何时候,都要关注电压和电流这两项参数。举个例子,高中物理教会了大家使用电阻,但从未提起过设计电路时必须购买合适功率的电阻,有很多新手听作者讲完以后会一脸茫然。什么?电阻还有功率这个参数?那可不,电阻不但有功率,还有精度这个参数呢!例如,使用 0.5 Ω 的电阻串联在电路中,检测电阻两端的电压差来计算流过这一电路的电流,假设电路中需要流过 10 A 左右的电流,那么可以算出电阻的发热功率 $W=I^2R=(0.5^2\times10)W=2.5$ W。看到了吧,这个电阻的发热功率是 2.5 W,而对于常用的 0805 封装的电阻来讲,其功率只有 0.1 W,长期超过该电阻的额定功率则会导致其因过热而烧毁。

对单片机来讲,任何一个引脚能够输出的最大电流,通常都是在 mA 级别的。比如,STM32 的任意一个引脚无论是输入还是输出,都不能超过 20 mA,而 STM32 的电平标准通常是 3.3 V(个别引脚允许输入 5 V),3.3 V×20 mA=0.066 W,而对电机来说,十几二十瓦的功率常常是一件很正常的事情。到这里,很多读者应该已经明白了一个事实:单片机所能输出的功率与电机转动所需的功率,根本不是一个量级的。因此,需要进行功率放大。

图 3-2 所示是最基本的电机控制技术,通过一个电控开关来控制电池的 7.2 V 与电机是否形成回路,当 STM32 输出高电平时(与 2.4 节控制 LED 相同),电机流过 1 A 的电流,电机转动;当 STM32 输出低电平时,电流回路断开,电机停止转动。那么如何控制转速呢?假如让 STM32 频繁地输出高、低电平,控制一段时间内是高电平输出的更多,还是低电平输出的更多。如果高电平输出的更多,则电机得到的能量多,转得快;如果低电平输出的更多,则电机得到的能量少,转得慢。这样操作不就能实现调速了吗?

首先介绍一个新朋友——MOS(Metal Oxide Semiconductor),它就是图 3-2 中电控开关的具体器件,中文全称是金属-氧化物半导体场效应管,如图 3-3 所示。简单来讲,这是一种以弱电流、低电压信号控制强电流、高电压信号的器件,功率放大是其常用功能之一。有兴趣深入了解的朋友请阅读清华大学出版社的《模拟电子技术基础》。

其中,图 3-3(a)所示是最常见的 N 沟道 MOS 管。MOS 管有三个引脚,分别是栅极 G(Gate)、漏极 D(Drain)、源极 S(Source)。

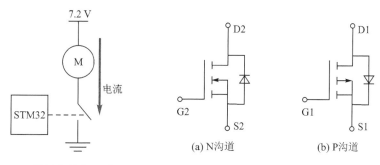

图 3-2 最基本的电机控制技术　　　　　图 3-3 MOS 管

N 沟道 MOS 管最常见的用法:S 接地,在 G 极加一定的电压(驱动蜂鸣器时使用 5 V),在 D 极接所控制的其他电路(例如电极的一端)。当 G 极是高电压($V_{GS} >$ 某一特定电压值)时,D 与 S 导通;当 G 极是低电压($V_G \leqslant V_S$)时,D 与 S 相当于断开。这样就相当于实现了一个开关的功能。

接下来介绍什么是 PWM。PWM 是英文 Pulse Width Modulation 的缩写,简称脉宽调制。图 3-4 所示是基础的 PWM 波形,由多个矩形脉冲组成,在常见的单片机中都可以发出这样的用于控制的波形。这里首先要明确一些概念,周期 T 指的是高电平加上低电平的总时间,高电平的时间称为脉宽时间 T_1,$T_1/T \times 100\%$ 得到一个百分数,称为占空比(高电平时间占总周期的百分比)。

在电机控制中,常用的最简单的调试方式是定频 PWM(并不是效果最优的)。其方法是:固定一个 PWM 的周期(或者说是频率),调节其高电平的时间(也就是调节其占空比,用字母 D 表示),从而控制 MOS 的开、断时间,达到调节电机电枢平均电压的目的。由于电枢相当于一个很大的电感,具有良好的滤波作用,因此会把加在其上的矩形脉冲变得相对平缓,保障电机在旋转时不会有明显的顿挫感。

图 3-5 所示是用一个 MOS 管和定频 PWM 驱动电机单向旋转的原理图,与图 3-2 相比,图 3-5 使用 MOS 管代替了开关,实现了对电机开关的控制。

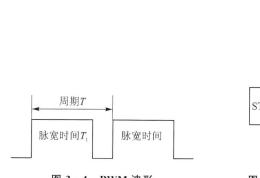

图 3-4 PWM 波形

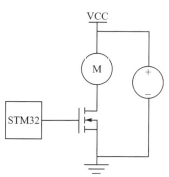

图 3-5 PWM 电机控制原理图

图 3-6 所示是 PWM 电机调速控制的波形图,由图可见,占空比越高,电枢平均电压越高,电机转速越快。这样,就实现了用单片机控制电机转速的功能。关于 STM32 程序的编写,将在第 4 讲中详细描述。此处问一个问题:为何数字波形的 PWM 占空比可以转换为模拟信号的平均电压来考虑?请大家考虑电机电枢是线圈绕制的特性,相当于电感和电阻的组合,而电感的特性是电流不能突变。如果电流不能突变,那么当它流过一定的电阻时,就产生了不能突变的电压。

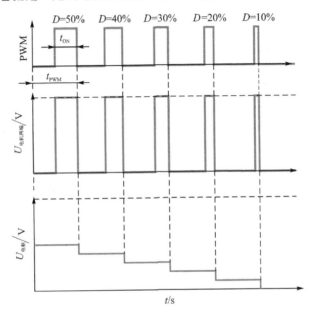

图 3-6 PWM 电机调速控制波形图

PWM 的频率在 6~20 kHz 之间为好,频率太低,电机的振动比较大;频率太高,开关损耗比较大,电磁噪声也比较明显。最合理的方法是具体电机具体分析,通过实验确定合理的控制频率。我们提供的实验小车套件使用 1 kHz 的固定频率 PWM。

接下来讲解如何控制电机的旋转方向。如图 3-7 所示,将图 3-5 中的单个 MOS 管换成了 4 个 MOS 管,并表示为 Q1~Q4,当对 Q1 和 Q4 加以 PWM 波,Q2 和 Q3 关断时,电机正转;当对 Q2 和 Q3 加以 PWM 波,Q1 和 Q4 关断时,电机反转,从而实现了电机的调速和调向。我们将图 3-7 所示的电路形象地称为 H 桥(4 个 MOS 的位置非常像字母"H")。

对于图 3-7 中的电路而言,若控制失误,使 Q1 和 Q2 同时导通,或 Q3、Q4 同时导通,则会出现短路现象,电流不会流过电机,过高的电流会烧毁 MOS 管导致电路故障。因此,会在电路中增加防止同侧桥路同时导通的保护电路,以及过流、过压保护电路,形成一个新的可以实用的集成电路。至此,可能有的朋友会觉得驱动电机是如此复杂。是的,对于实用的电机驱动电路来讲,需要注意的事项的确是多了一点,为此,芯片制造厂家往往会将这些复杂的逻辑封装进一个芯片中,只保留最基本的输

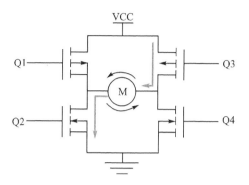

图 3 - 7　电机转向控制

入/输出接口,达到傻瓜式应用的效果。

常用的电机驱动芯片有 A4950、TB6612FNG、BTN7971、RZ7899 等。这里以 A4950 为例展开讲解,登录电子元器件数据手册(Datasheet)大全查询网站 www.alldatasheet.com,输入 A4950,就可以查到这个芯片的数据手册,如图 3 - 8 所示。

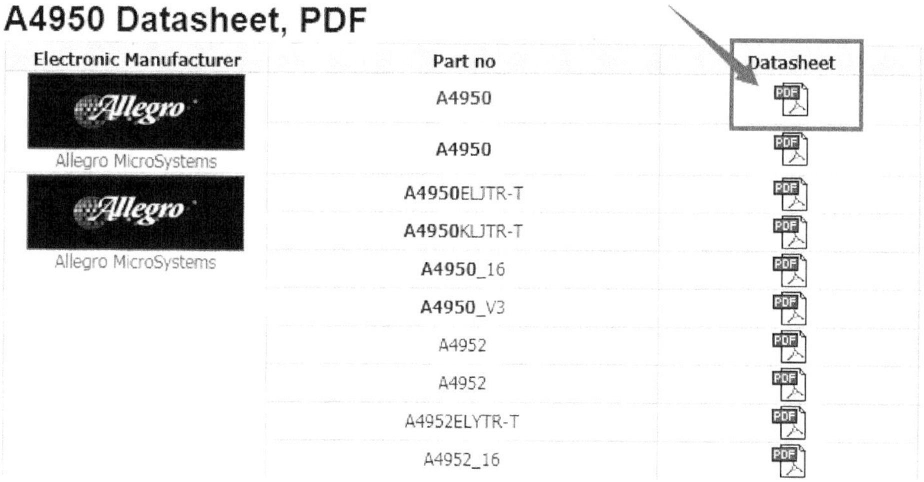

图 3 - 8　查看 A4950 数据手册

单击图 3 - 8 中的 PDF 图标,即可打开 A4950 的数据手册,如图 3 - 9 所示。单击 A4950 Click to View,就可以下载 A4950 数据手册。

作为嵌入式工程师或电子工程师,会经常遇到与英文原版数据手册打交道的情况(大多数芯片都是国外生产的),一开始看难免会发怵,但随着多次的实践与练习,以及在多种翻译软件的帮助下,慢慢地便会如有神助,看英文原版数据手册如读小说一样简单。当然,这也会帮助大家提升专业英文词汇水平,尤其对有意向读研的朋友们,有着莫大的帮助。

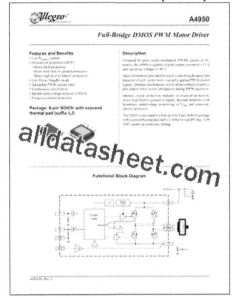

图 3-9 下载 A4950 数据手册

所有数据手册的构成基本上都遵循统一的套路。一上来先来一段简单的介绍和广告式的参数宣传,再加一张外观图片,这一部分看不看不是很重要(新手可以多看看)。紧接着是一个很重要的数据表格:Absolute Maximum Ratings,如图 3-10 所示。这个表格描述了该芯片的所有极限参数(超过极限参数则无法正常工作)。再往下会有芯片的引脚功能描述表(Terminal List Table),这一部分描述了芯片所有引脚的功能,肯定是必读的内容,但往往会放在最后阅读(电路板设计阶段)。在它下面的是 Electrical Characteristics,即芯片的电气特性,这里描述的是芯片在常规的使用中应该遵循的电气参数,比如供电电压、电平阈值(高电平和低电平的区分点)、延时特性等。再向下是一些具体的使用细节,如真值表、波形图等,建议新手前期详细阅读,使用的芯片多了就会发现最下面的细节大同小异,可以选择性阅读。

在芯片选型时,需要关注的主要有极限参数和电气特性,这些和我们的需求直接相关。在如图 3-10 所示的极限参数表格中,我们可以看出它的驱动能力:最大电压 40 V,最大持续电流 3.5 A,最大瞬态电流 6 A。

从数据手册中可找到 A4950 的功能框图,如图 3-11 所示,显示了其内部构造和功能,下面将加以分析。芯片内部主要由 3 部分构成,分别是:波形整形(施密特触发器),将输入的矩形脉冲波形变得更加有棱有角;驱动逻辑及保护电路,用于根据输入发出 4 个 MOS 管的控制波形,并进行过流保护、防止短路的死区保护等;H 桥,如上一段所讲的,对电机进行调速和调向。对于最基本的应用,只需要在 IN1 或 IN2

Absolute Maximum Ratings

Characteristic	Symbol	Notes	Rating	Unit
Load Supply Voltage	V_{BB}		40	V
Logic Input Voltage Range	V_{IN}		−0.3 to 6	V
V_{REF} Input Voltage Range	V_{REF}		−0.3 to 6	V
Sense Voltage (LSS pin)	V_S		−0.5 to 0.5	V
Motor Outputs Voltage	V_{OUT}		−2 to 42	V
Output Current	I_{OUT}	Duty cycle = 100%	3.5	A
Transient Output Current	I_{OUT}	T_W < 500 ns	6	A
Operating Temperature Range	T_A	Temperature Range E	−40 to 85	°C
Maximum Junction Temperature	T_J(max)		150	°C
Storage Temperature Range	T_{sig}		−55 to 150	°C

图 3 - 10　极限参数

输入 PWM,即可实现电机的正、反转控制和调速控制(调节 PWM 的占空比)。

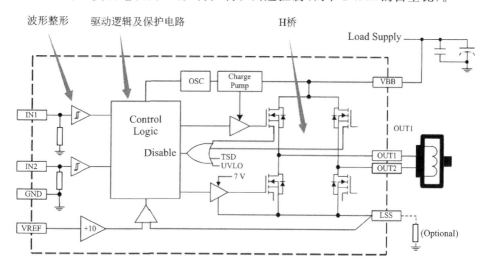

图 3 - 11　A4950 的功能框

本着"授人以渔"的原则,读者们在阅读数据手册中慢慢领悟,便会具备使用各种常见电子元器件的固有套路了:① 找器件(借助淘宝或前辈);② 根据型号检索其数据手册(如果找不到,可以上官网直接下载);③ 查看其基本参数和功能是否满足要求;④ 使用合适的器件展开电路原理图设计;⑤ 从官网上可以下载到器件的封装文件,如果下载不到也可以根据数据手册自己制作封装;⑥ 参考数据手册中的推荐布局,完成 PCB 的设计。关于电路板的原理图及 PCB 设计,以及绘图软件的使用,将在接下来的内容中进行介绍。

3.2 伺服舵机原理

舵机是用于控制车辆前轮转向的装置。在智能车中,最常接触的是数字式舵机,是集成负反馈控制系统的机电一体化产物。图3-12所示是常见数字舵机的内部结构,其主要的组成部分有控制电路(Control Electronics)、编码器(Potentiometer)、传动轴(Driveshaft)、齿轮系(Gear Train)、电机(Motor),下面分别讲解各部分的用途。

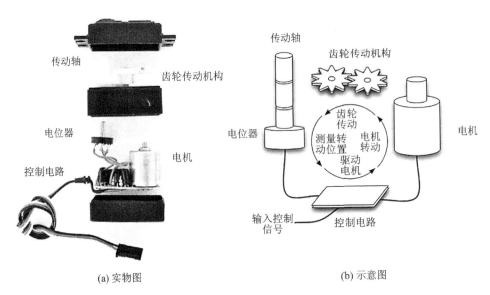

(a) 实物图　　　　　　　　　　　(b) 示意图

图3-12　伺服舵机

电机的作用是将电能转化为机械能,使电机的输出轴高速旋转。

齿轮系的作用是减速增扭(降低速度,增加扭矩),扭矩代表着电机带动负载的能力。电机做功的计算公式为 $W=Mv$(功率=扭矩×速度)。假设电机做相同的功,则输出轴的速度与扭矩成反比。常规电机的输出扭矩远小于带动负载需要的扭矩,而速度却非常高(通常为几千或上万转每分钟),因此需要齿轮系去降低输出的转速,并提高扭矩。需要注意的是,减速增扭机构会有一个传递效率的问题,机械结构的传递效率肯定低于100%,对于存在多级传动的情况要特别注意。

电机经过齿轮系的降速和传动后,带动传动轴旋转,传动轴是舵机对外连接的轴。

编码器负责监测传动轴当前所在的位置,或者说旋转的角度。

控制电路根据用户发来的控制指令,驱动电机旋转到相应的位置,通过编码器来检测是否旋转到该位置(这一过程称为"负反馈调节"),最终形成一个转角负反馈控制系统。图3-13所示是这个系统的示意图。

即便内部是一个如此复杂的电路系统,舵机对外的连接也只有3根线,分别是

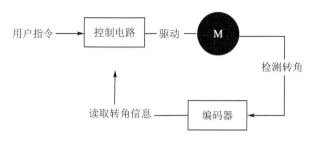

图 3-13 舵机的负反馈控制系统

VCC、GND、PWM。也就是说,只要给舵机加以合适的电压和 PWM 控制信号,就可以驱动舵机旋转了。一般而言,舵机的基准信号都是周期为 20 ms(50 Hz),宽度为 1.5 ms。这个基准信号定义的位置为中间位置。舵机有最大转动角度,中间位置的定义就是从这个位置到最大角度与最小角度的量完全一样。最重要的一点是,不同舵机的最大转动角度可能不同,但是其中间位置的脉冲宽度是一定的,那就是 1.5 ms,如图 3-14 所示。当舵机接收到一个小于 1.5 ms 的脉冲时,输出轴会以中间位置为标准,逆时针旋转一定角度。接收到的脉冲大于 1.5 ms 时情况正好相反。不同品牌,甚至同一品牌的不同舵机,都会有不同的最大值和最小值。一般而言,最小脉冲为 1 ms,最大脉冲为 2 ms。

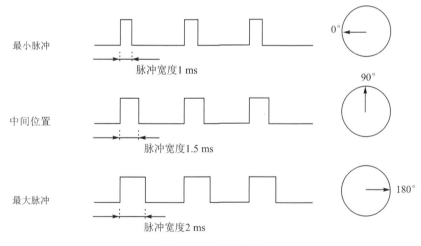

图 3-14 舵机控制

根据 3.1 节所讲的知识,只需要用单片机发出一个 PWM,调节其占空比,就可以灵活地控制舵机了。

3.3 定时器/计数器

在单片机中,经常需要一个时间基准,比如第 2 讲中控制 LED 闪烁。如果需要精确地控制 LED 每隔 2 s 就进行亮、暗的切换,就需要用到定时器/计数器。常见的 DIY 电子钟也是利用定时器/计数器的方式计算流逝的时间的。

那么,定时器/计数器到底是什么东西呢? 其实它是一个加法器(详情参见清华大学出版社的《数字电子计数基础》中的"计数器"章节),加法器用于对输入的数字脉冲进行计数,在输出端以十六进制的形式记录计数的结果。加法器可以加计数,也可以减计数。关于加计数,MCU 中大多采用溢出来进行判断,例如一个 16 位的计数器,最大值为 65 535,如果要实现 100 的计数,则赋值给计数器初始值为 65 435,经过 100 个脉冲后,计数器就会溢出,从而引发中断;关于减计数,比如我们要计算 1 s 的时间,可以给加法器提前装入一个数(比如 100),然后在脉冲输入端加一个 10 ms 的外部脉冲,每收到一个脉冲,加法器就把数值减 1,这样当加法器的数值从 100 变为 0 时,就计算得到了 1 s 的时间长度。

为什么叫作"定时器/计数器"呢? 因为用同一个器件可以实现不同的功能。如果把单片机的时钟接在加法器的脉冲输入端,那么由于单片机的时钟是由石英晶体振荡器经过倍频得来的,所以是一个标准的时钟源,时钟的频率是严格固定的,因此此时的加法器可以当作定时器来使用。如果把外部一个频率、周期都不确定的脉冲(比如编码器)加在了加法器的脉冲输入端,那么可以计算外部输给单片机的脉冲个数。再深入一点,如果把一个定时器和一个计数器联合使用,就可以计算得到脉冲输入的频率,经过换算,就可以得到速度(智能车电机测速的原理)。

图 3-15 所示是 STM32 的定时器/计数器,供各位读者感受一下。这里不做深入讲解,而是在第 4 讲中以例程的形式,循序渐进地让大家熟悉定时/计数器的使用方法。

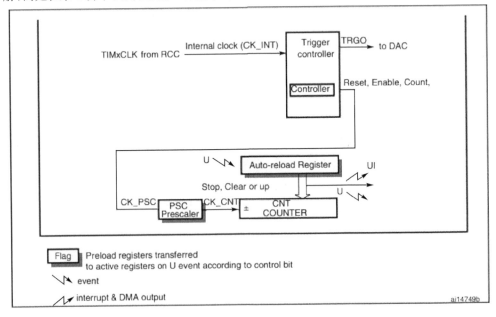

图 3-15　STM32 的定时器/计数器

3.4 模/数转换器

在智能车采集跑道信号时,用到了单片机内部的一个外围设备,叫作模/数转换器,英文简称为 A/D 或 ADC(Analog-to-Digital Converter),是指将连续变化的模拟信号转换为离散的数字信号的器件。比如外界有一个变化的电压,并没有什么固定的规律,程序设计人员想要知道这个电压的大小,然后通过程序进行一定的运算和处理,但是在程序中,所有的参数都是用数字来表示大小的,这个变化的电压该如何转化成数字呢?就是利用模/数转换器,将电压的大小转换为一个对应的数值。简单来讲,就是对电压高低进行量化的过程(见图 3-16)。

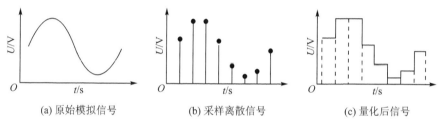

(a) 原始模拟信号　　　(b) 采样离散信号　　　(c) 量化后信号

图 3-16　模拟量与数字量

图 3-16(a)所示是原始的模拟信号;图 3-16(b)所示是对模拟信号进行采集,每个黑色的圆点都代表一个采样点;图 3-16(c)所示为 ADC 转换以后输出的数据。那么,聪明的读者可能已经发现,原始的模拟信号是连续的,在每一个时间点上都有数据,而经过 ADC 采集和转换后变成了离散的数字量,相当于对原始的模拟信号进行了等间隔的抽样。是的,由于所有的 ADC 进行采集和转换都需要消耗时间,所以没有办法对原始信号进行真正的量化,因为理论上模拟信号两点间的间隔是无穷小的,而真实的电子设备无法做到以无穷小的间隔进行采样和转换,因此,当采集的密度足够高时,能够表征原有信号的一些特点就足够了。

那么,到底多快的采集速度,或者说多大的采集密度才能合适呢?理论的答案是越快、越密集越好,因为采集的点数多了才能够更加接近真实的模拟信号。但实际上,数据采集多了会消耗处理时间,增加数据处理的工作量。因此,有一个最低采集密度的标准,这就是著名的香农采样定理。

香农采样定理提出,为了不失真地恢复模拟信号,采样频率应该不小于模拟信号频谱中最高频率的 2 倍,即 $f_s \geq 2f_{max}$。这就是采样的最低密度标准。也就是说,采样的频率正比于模拟量的变化率,模拟量变化率越高,那么采样速度就要越高,而且最少要高于信号变化频率的 2 倍。例如,220 V 交流电的最快频率为 50 Hz,那么理论上的最低采样频率是 100 Hz。实际使用中,采样频率至少应该是最低采样频率的 5~10 倍才可以。

ADC 的发展经历了多次的技术革新,目前常见的 ADC 有:
- 逐次逼近型;
- 积分型 ADC;
- 并行比较 ADC;
- 压频变换型 ADC;
- Σ-Δ 型 ADC;
- 流水线型 ADC。

这些转换器各有其优缺点,能满足不同应用场合的使用。逐次逼近型、积分型、压频变换型等,主要应用于中速或较低速、中等精度数据的采集和智能仪器中。流水线型 ADC 主要应用于高速情况下的瞬态信号处理、快速波形存储与记录等领域。Σ-Δ 型 ADC 主要应用于高精度数据采集,特别是数字音响系统、多媒体、地震勘探仪器、声呐等电子测量领域。

目前应用较多的,也是 STM32 中用到的逐次逼近型 ADC,这里将进行分析。逐次逼近转换过程和用天平称物非常相似。天秤称物时,从最重的砝码开始试放,与被称物体进行比较,若物体重于砝码,则该砝码保留,否则移去;再加上第二个次重砝码,由物体的质量是否大于砝码的质量决定第二个砝码是留下还是移去。照此一直加到最小的砝码为止。将所有留下的砝码质量相加,就得到该物体的质量。

仿照这一思路,逐次逼近型 ADC 就是将输入模拟信号与不同的参考电压做多次比较,使转换所得的数字量在数值上逐次逼近输入模拟量的对应值。转换开始前,先将所有寄存器清零。开始转换以后,时钟脉冲首先将寄存器最高位置 1,使输出数字为 100…0。这个数被数/模转换器(按数字量的大小输出模拟量的设备,即 DAC)转换成相应的模拟电压 U_o,送到比较器中与 U_i 进行比较。若 $U_o > U_i$,则说明数字过大了,故将最高位的 1 清除;若 $U_o < U_i$,则说明数字还不够大,应将最高位的 1 保留。然后,再按同样的方式将次高位置 1,并且经过比较以后确定这个 1 是否保留。这样逐位比较下去,一直到最低位为止。比较完毕后,寄存器中的状态就是所要求的数。

图 3-17 所示是逐次逼近型 ADC 的原理示意图。图 3-17 中,MSB 表示最高

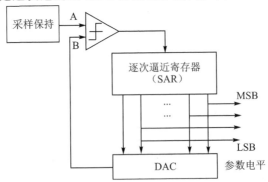

图 3-17 逐次逼近型 ADC 原理示意图

位;LSB 表示最低位;三角形符号表示比较器,比较器有两个输入 A 和 B,当 A 大于 B 时输出高电平,反之输出低电平。

讲到这里,大家应该对 ADC 这个设备有一定的理解了,知道它是做什么用的了。关于 ADC 的更多细节,比如工作流程,以及分辨率、误差、精度、速度等参数,在这里就不展开详细论述了,在今后的实践中,大家要注意一边学习如何使用,一边根据实际的需求,对更细节的知识进行补充。网上已经有大量的相关资料可供查阅。

第4讲

智能车控制实战

4.1 概 述

有了第 3 讲的基础知识作为铺垫,本讲主要围绕智能车控制的实际操作,为大家讲解舵机、电机、定时器/计数器、按键、LCD、串口的实际编程和控制方法。

为保障大家能够理解所讲解的内容,本讲中编写了一系列配套例程,在附赠的资料中可以找到。使用 IAR 8.1 打开例程,进行编译,下载即可,大家可以尝试进行一些改动,观察变化。图 4-1 所示是所提供的例程,同时还附带有 STM32F1 官方标准库,这是由 ST 公司官方提供的例程,涵盖了几乎所有单片机内核及外围设备的使用方法,如图 4-2 所示。本书所有的例程都是根据 3.5.0 版的 STM32F1 官方标准库编写而成的,也就是说,假如在之后的学习和工作中,有用到一些例程没有涵盖的外设,也可以参考官方的例程,自行进行程序的编写。

```
SmartCar_STM32例程——ADC&DMA     2018/10/11 10:41    文件夹
SmartCar_STM32例程——Buzzer      2018/10/11 10:39    文件夹
SmartCar_STM32例程——Key         2018/10/11 10:39    文件夹
SmartCar_STM32例程——LED         2018/10/11 9:15     文件夹
SmartCar_STM32例程——Motor       2018/10/11 10:40    文件夹
SmartCar_STM32例程——OLED        2018/10/11 10:40    文件夹
SmartCar_STM32例程——Servo       2018/10/11 10:40    文件夹
SmartCar_STM32综合例程V1.2       2018/10/11 18:47    文件夹
STM32F1官方标准库                 2018/9/19 17:00     文件夹
```

图 4-1 配套例程

在 ST 官方资料中,有中文版的 STM32F1 芯片数据手册和参考手册可供查阅。其中,数据手册描述了芯片的性能和使用方法,参考手册描述了单片机的寄存器设计及配置方法。官方的标准库也都是遵循参考手册来进行编程的,只不过为了保障可读性,将很多的寄存器配置进行了宏定义或者编写为结构体,方便阅读及理解。通常,对于真正想了解单片机内部寄存器,或者想使用 51 的方式直接操纵寄存器进行

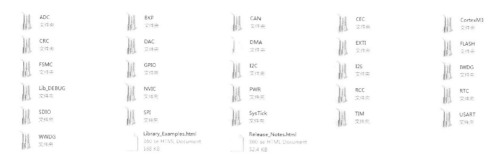

图 4-2 官方提供的例程

编程,或者是官方库文件中有 bug 想自己动手修复的(概率极小),适合阅读 STM32 的参考手册并进行编程。

对于大多数的应用,参考本书的例程及官方标准库文件中的例程,即可完成相应的工作了。

打开 LED 例程(见图 4-3),以此为例,讲解例程的使用方法,每一份例程的使用方法基本一致。首先观察一下左侧的 Workspace 栏,在这一栏中,有一些文件夹,分别是 App、Bsp、CMSIS、Startup、STM32F10x_Library、Output。先来熟悉一下每个文件夹的功能。

- App:这里可进行业务逻辑的编写。业务逻辑就是我们想要完成的工作,比如让 LED 闪烁起来,让车跑起来等,是一个项目中最顶层的工作。
- Bsp:这里可存放板级支持包文件,是与电路板紧密结合的驱动文件,会根据电路板上使用的电子元器件、硬件能够实现的功能进行编程,每个文件对应一部分功能。比如 key.c 这个文件,根据电路板的实际连接情况,进行了单片机 I/O 引脚的初始化,将用到的引脚配置为输入引脚。这为用户编写业务逻辑提供了极大的方便,是一个项目中的中间层工作。
- CMSIS:存放与内核相关的一些代码,如单片机时钟的设定等,通常在修改单片机主频时需要用到。
- Startup:存放单片机复位后运行的配置代码,用汇编写成,通常不需要改动。
- STM32F10x_Library:存放 ST 官方提供的固件库,是单片机外围设备(如 ADC、I^2C、TIM 等)的驱动程序。熟练使用这部分的代码,可以轻松操作单片机的各种外围设备。这是一个项目中最底层的工作。
- Output:存放编译生成的文件,编译生成的 hex 文件也存放在此,可以像 51 单片机一样使用串口下载。

图 4-3 LED 例程

4.2 例程使用方法

以 LED 的例程为例,给大家讲解一下例程的学习和分析方法。首先双击打开 main.c 文件,看一下这个文件中都做了哪些事情。在程序最上方包含了一个叫作 "bsp.h" 的头文件,说明 main.c 中调用了 bsp.c 文件中的内容。接下来看一下 main() 函数,这是所有编程者都应该熟知的一个函数,单片机在进行初始化工作以后,便会自动执行 main() 函数,main() 函数首先执行了 BSP_Initializes() 这个函数,接下来执行了 while 循环,在循环中做了一些事情。

```
/* 包含的头文件 ------------------------------------------------*/
#include "bsp.h"

/************************************************************
函数名称 : main
功    能 : 主函数入口
参    数 : 无
返 回 值 : int
************************************************************/
int main(void)
{
    BSP_Initializes();

    while(1)
    {
        GPIO_WriteBit(GPIOB,GPIO_Pin_1,Bit_SET);      //点亮 LED4
        Delay_ms(1000);
```

```
        GPIO_WriteBit(GPIOB,GPIO_Pin_1,Bit_RESET);           //熄灭 LED4
        Delay_ms(1000);
    }
}
```

BSP_Initializes()这个函数做了些什么呢？双击打开 bsp.c 文件,可以找到 BSP_Initializes()函数,如下程序所示,函数的前两行用于把 JTAG 下载模式改为 SWD 下载模式,这样可以节约多个引脚用作常规的用途。初学的小伙伴们可以不关注这两行代码,直接往下看即可。

```
/***************************************************
函数名称 : BSP_Initializes
功    能 : BSP 初始化
参    数 : 无
返 回 值 : 无
备    注 : BSP 的作用是在官方的底层库与用户的业务逻辑之间架起桥梁,提供用户编写业
           务逻辑时更便捷的底层硬件调用的接口
****************************************************/
void BSP_Initializes(void)
{
    JTAG_Set(JTAG_SWD_DISABLE);    // =====关闭 JTAG 接口
    JTAG_Set(SWD_ENABLE);          // =====打开 SWD 接口,可以利用主板的 SWD 接口调试
    LED_Configuration();
}
```

LED_Configuration()用于对 LED 功能用到的硬件进行初始化。打开 led.c 文件,看一下这个初始化函数都做了些什么。

```
/***************************************************
函数名称 : LED_Configuration
功    能 : LED 配置
参    数 : 无
返 回 值 : 无
****************************************************/
void LED_Configuration(void)
{
    //使能 GPIOB 的时钟
    RCC_APB2PeriphClockCmd(RCC_APB2Periph_GPIOB, ENABLE);
    //使能 C14 和 C15 的时钟(C14 和 C15 引脚比较特殊,原本是晶振的输入,GPIO 是其复用
    //功能,因此开启了 AFIO 时钟)
    RCC_APB2PeriphClockCmd( RCC_APB2Periph_GPIOC  | RCC_APB2Periph_AFIO, ENABLE );
    //定义一个用于 GPIO 初始化的结构体
    GPIO_InitTypeDef GPIO_InitStructure;
```

```c
    //初始化 LED2,LED1:PC14,PC15
    GPIO_InitStructure.GPIO_Pin   = GPIO_Pin_14 | GPIO_Pin_15   ;
    GPIO_InitStructure.GPIO_Speed = GPIO_Speed_2MHz;
    GPIO_InitStructure.GPIO_Mode  = GPIO_Mode_Out_PP;
    //根据 GPIO_InitStruct 中指定的参数初始化 GPIOX 外设
    GPIO_Init(GPIOC, &GPIO_InitStructure);
    //初始化 LED4,LED3:PB1,PB2
    GPIO_InitStructure.GPIO_Pin   = GPIO_Pin_1 | GPIO_Pin_2;  //具体引脚
    GPIO_InitStructure.GPIO_Speed = GPIO_Speed_2MHz;          //输出带宽
    GPIO_InitStructure.GPIO_Mode  = GPIO_Mode_Out_PP;         //输出类型(推挽式输出)
    //根据 GPIO_InitStruct 中指定的参数初始化 GPIOX 外设
    GPIO_Init(GPIOB, &GPIO_InitStructure);
}
```

上面是 LED_Configuration() 函数,为方便大家理解,我们为程序增加了大量的注释。通过注释可以看出,程序首先打开了 GPIOB 和 GPIOC 的时钟,然后对 PC15、PC14、PB2、PB1 这 4 个引脚进行了配置,把它们的最大速度配置为 2 MHz,模式设置为 Out_PP(推挽输出模式)。以上就是 LED 初始化函数做的全部工作,这是因为 LED 功能简单,所以只需要 4 个输出的引脚就可以驱动了。

接下来再返回 main.c,看一下 LED 是怎样闪烁的。main() 函数中用的函数 GPIO_WriteBit() 是 ST 官方提供的一个库函数,从它的名字可以看出,是写 GPIO 的一个位,也就是对 GPIO 的一个引脚进行写操作,控制输出高或者低电平。打开 STM32F10x_Library 文件夹下的 stm32f10x_gpio.c 文件,可以找到这个函数的原型。

```c
/**
  * @brief  Sets or clears the selected data port bit
  * @param  GPIOx: where x can be (A..G) to select the GPIO peripheral
  * @param  GPIO_Pin: specifies the port bit to be written
  *   This parameter can be one of GPIO_Pin_x where x can be (0..15)
  * @param  BitVal: specifies the value to be written to the selected bit
  *   This parameter can be one of the BitAction enum values
  *     @arg Bit_RESET: to clear the port pin
  *     @arg Bit_SET: to set the port pin
  * @retval None
  */
void GPIO_WriteBit(GPIO_TypeDef* GPIOx, uint16_t GPIO_Pin, BitAction BitVal)
{
    /* Check the parameters */
    assert_param(IS_GPIO_ALL_PERIPH(GPIOx));
    assert_param(IS_GET_GPIO_PIN(GPIO_Pin));
```

```
    assert_param(IS_GPIO_BIT_ACTION(BitVal));

    if (BitVal != Bit_RESET)
    {
        GPIOx->BSRR = GPIO_Pin;
    }
    else
    {
        GPIOx->BRR = GPIO_Pin;
    }
}
```

上面是 GPIO_WriteBit()函数,看内容,是检测了一下输入的参数,然后操作了两个寄存器,具体为什么操作寄存器,大家可以参考 STM32 参考手册。但在平常的应用中,只要学会使用 ST 官方的库函数即可,并不需要对每个操作都熟悉它们的寄存器。看一下这个函数的注释,就可以看懂这个函数是怎么用的了。ST 官方提供的所有库函数都有详尽的注释,虽然所有的注释都是英文的,大家正好趁这个机会锻炼了自己的英文水平。这个函数需要填写 3 个参数,分别是 GPIO 的组号、具体的引脚和电平的高低。当填写 Bit_SET 时,输出高电平;当填写 Bit_RESET 时,输出低电平。

main()函数中用到的另一个函数是 Delay_ms(),这个函数的原型在 Bsp 文件夹下的 delay.c 文件中,其作用是调用一个内核中的计数器,实现精准延时。该函数是直接操作寄存器写成的,大家作为课外内容了解即可。

在 delay.c 中提供了两种延时函数,分别是 Delay_ms()和 Delay_μs(),一个用于毫秒(ms)级的延时,另一个用于微秒(μs)级别的延时,函数都只有一个参数,用于输入需要延时的时间。例如,想要延时 100 μs,就可以这样写:Delay_μs(100)。

通过以上分析,可以了解到 LED 例程的文件组织结构及函数调用关系。现在再来看看 main()函数,可能会更加清晰。程序所做的工作有:对 GPIO 进行初始化,然后在一个无限循环中,先将 LED4 点亮,然后延时 1 s;再将 LED4 熄灭,再延时 1 s,如此循环往复。

到目前为止,大家已经学会了 LED 的控制方法。蜂鸣器、按键的控制方法与 LED 的控制方法几乎一模一样,这里不再一一讲解,大家打开例程进行实验即可。

4.3 定时器/计数器

定时器/计数器在单片机中一直扮演着极其重要的角色,无论是要得到一个固定时长的中断,还是要产生 PWM 控制舵机和电机,或是对编码器的脉冲进行计数得到转速,都无一例外地使用到了它。

```
/*****************************************************
函数名称 : TIM2_Config
功    能 : TIM2 初始化,产生 20 ms 定时
参    数 : 无
返 回 值 : 无
备    注 :
*****************************************************/
void TIM2_Config(void)
{
    TIM_TimeBaseInitTypeDef TIM_TimeBaseStructure;

    /* 使能 TIM2 时钟 */
    RCC_APB1PeriphClockCmd(RCC_APB1Periph_TIM2, ENABLE);

    TIM_TimeBaseStructure.TIM_Period        = 2000 - 1;            //计数值:2 000
    TIM_TimeBaseStructure.TIM_Prescaler     = (720 - 1);           //分频值:720
    TIM_TimeBaseStructure.TIM_ClockDivision = TIM_CKD_DIV1;        //分频系数:1
    TIM_TimeBaseStructure.TIM_CounterMode   = TIM_CounterMode_Up;  //向上计数
    TIM_TimeBaseInit(TIM2, &TIM_TimeBaseStructure);

    /* 清除计数器中断标志位 */
    TIM_ClearITPendingBit(TIM2, TIM_IT_Update);

    /* 计数器溢出中断使能 */
    TIM_ITConfig(TIM2, TIM_IT_Update, ENABLE);

    /* 定时器 TIM2 使能 */
    TIM_Cmd(TIM2, ENABLE);

    /* 定时器中断配置 */
    NVIC_InitTypeDef NVIC_InitStructure;
    NVIC_PriorityGroupConfig(NVIC_PriorityGroup_3);
    /* 优先级组,第 3 组:最高 2 位用来配置抢占优先级,低 2 位用来配置响应优先级 */
    NVIC_InitStructure.NVIC_IRQChannel                   = TIM2_IRQn;
                                                  //中断通道(与中断函数的名称有关)
    NVIC_InitStructure.NVIC_IRQChannelPreemptionPriority = 2;    //抢占优先级
    NVIC_InitStructure.NVIC_IRQChannelSubPriority        = 2;    //响应优先级
    NVIC_InitStructure.NVIC_IRQChannelCmd                = ENABLE; //IRQ 通道使能
    NVIC_Init(&NVIC_InitStructure);                              //初始化中断优先级
}
```

首先打开 tim2.c 文件,可以看到 TIM2_Config() 函数,这个函数对定时器 2

(TIM2)进行了初始化。首先配置了 Period,即周期,周期配置为 2 000,接下来配置预分频值为(720-1),即对时钟进行 72 分频,然后配置了分频系数为 DIV1,最后配置了向上计数。

这段配置是什么意思呢?首先,外部的 8 MHz 晶体振荡器产生了一个 8 MHz 频率的方波,经过一个叫作锁相环的电路的倍频,得到 72 MHz 时钟作为单片机工作的基础频率,我们称其为总线时钟。定时器的时钟来源于总线时钟,即 72 MHz,这个时钟对于想要计数的值来说太大了,因此想要降低它的频率。预分频值和分频系数都是用于降低频率的,最终输入定时器的频率=72 MHz/(预分频值+1)/分频系数。那么按照上面程序的配置,得到的输入定时器的方波频率是 72 MHz/720/1= 0.1 MHz。周期配置为 2 000,也就是说,定时器每数够 2 000 个数,就会重新从 0 开始继续计数,这样周而复始。那么计满 2 000 个数需要的时间是 0.1 MHz/2 000= 50 Hz,也就是说,每过 20 ms,计时器就完成了一次计数。这个 20 ms 就是我们要得到的一个固定的时间间隔。

得到的这个 20 ms 有什么用呢?继续往下看 TIM2_Config()中的程序,使能了定时器溢出中断,并给中断赋予了一个优先级。什么是溢出中断呢?就是每当计数器计满 2 000 个数要重新开始时,定时器会产生一个信号,触发一个中断函数,打断 CPU 原本执行的程序,跳转到中断函数中来。这里补充一段关于中断的知识。

CPU 执行程序时原本是按程序指令一条一条向下的顺序执行的,但如果此时发生了某一事件 B 请求 CPU 迅速去处理(中断发生),则 CPU 会暂时中断当前的工作,转去处理事件 B(中断响应和中断服务)。待 CPU 将事件 B 处理完毕后,再回到原来被中断的地方继续执行程序(中断返回),这一过程称为中断(见图 4-4)。打个比方:假如你正在读书,这时电话响了。你放下手中的书,去接电话。接完电话后,再继续回来读书,并从原来读的地方继续往下读。使用中断可以提升 CPU 的效率,提升对突发事件的响应速度。对 CPU 来说,中断具有优先级,通常用数字来表示,数字越小代表优先级越高,高优先级的中断能够打断低优先级的中断,反之不行。

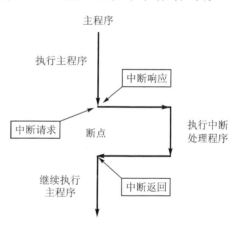

图 4-4 中断执行过程示例(1)

早期的嵌入式系统中没有操作系统的概念,程序员编写嵌入式程序通常直接面对裸机及裸设备。在这种情况下,通常把嵌入式程序分成两部分,即前台程序和后台程序。系统中那些对响应时间要求不高的任务,作为主程序放在后台无限循环执行;另一些对响应时间要求高的任务,如采样控制任务等,放在定时中断响应里执行。按任务的重要程度,把不同的中断优先等级分配给不同的任务,使具有高中断优先等级的任务可以优先处理,如图4-5所示。一般情况下,后台程序也叫任务级程序,前台程序也叫事件处理级程序。

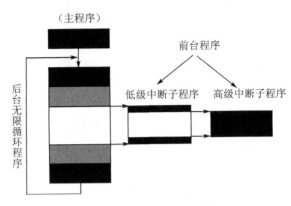

图4-5 中断执行过程示例(2)

所谓中断,是指CPU在正常顺序执行主程序的情况下,因为中断事件的发生,CPU程序执行流转向中断程序,当中断程序执行完毕后,CPU恢复被中断的程序继续执行,这样,就可以利用中断来做一些紧急或同步操作。

引发中断的条件有很多,比如定时器溢出、内部外设中断、CPU异常中断、外部引脚中断。这里所说的外部中断是指单片机外部引脚上出现高电平、低电平、上升沿或者下降沿时产生的中断事件。

中断的另外两个概念分别是中断优先级和中断嵌套。

"龙生九子,各子不同",中断源有多种,同样是中断,相对于后台程序来说,都是需要紧急处理的,但由于紧急处理的迫切性不同,就出现了中断优先级。中断优先级是指对多个中断事件同时发生时到底要先对哪一个中断进行仲裁,一般的做法是在中断配置时对每一个中断进行优先级赋值,比如中断1的优先级为0,中断2的优先级为1,那么当这两个中断同时发生时,这里要强调一下是"同时发生",则优先执行优先级为0的中断(典型的是数值越小,优先级越高),等到中断1的中断函数执行完毕退出之后,再执行中断2的中断函数。

再者就是中断嵌套的概念,一般的做法是,对每一个中断赋予两个优先级,一个是嵌套优先级(也称抢占优先级),另一个就是普通的优先级,具有高嵌套优先级的中断总是抢占具有低嵌套优先级的中断,即一个低优先级的中断正在执行时,可被高优先级的中断再次中断,等高优先级的中断执行完毕后,退出中断,才能继续执行低优先级的中断。当然,又有相同优先级的中断同时发生时还按照前面所说的原则仲裁。可以看一下下面的程序。

```
/**
 * @brief   This function handles TIM2 global interrupt request
 * @param   None
 * @retval  None
 */
void TIM2_IRQHandler(void)
{
    if(TIM_GetITStatus(TIM2, TIM_IT_Update) != RESET)
    {
        int SpeedOutput = Speed_Control(g_SpeedSet);
        Motor_Control(SpeedOutput,SpeedOutput);

        /* 清除 TIM2 中断标志位 */
        TIM_ClearITPendingBit(TIM2, TIM_IT_Update);
    }
}
```

那么,中断函数在哪里执行呢?请大家打开位于 App 文件夹的 stm32f10x_it.c 文件,这个文件专门用于存放中断函数,在该文件中可以找到 TIM2 的中断函数,就是 TIM2_IRQHandler()函数。在这个函数内存放中断发生时要处理的任务,每当中断发生时,CPU 便会停止手头的工作,转到中断函数中执行,执行完毕后再返回原有的工作。

在 TIM2 中有两个函数,在这两个函数中进行了速度的 PID 计算和电机的输出控制,因为 PID 控制需要有固定的控制周期,因此用定时器中断的方式来控制是再合适不过的。关于这两个函数,将在之后的内容中进行讲解。

通过上面的讲解,大家应该初步掌握了定时器的使用方法,接下来讲解 PWM 的生成方法。打开 Bsp 文件夹下的 servo.c 文件,找到 Servo_Configuration()函数,在这个函数中对控制舵机的 PWM 进行了初始化。函数分为 3 个段落,分别进行了时钟和引脚的配置,定时器计时时间的配置,PWM 功能的配置。前两段大家已经比较熟悉了,这里只讲解最后一段,即 PWM 功能的配置。

```
/***************PWM 模式初始化****************/
//定义一个用于 PWM 初始化的结构体
TIM_OCInitTypeDef TIM_OCInitStructure;
//配置 TIM1_CH1 的 PWM 模式
TIM_OCInitStructure.TIM_OCMode = TIM_OCMode_PWM2;
                              //配置为 PWM 模式 2,与输出 PWM 的极性有关
TIM_OCInitStructure.TIM_OutputState = TIM_OutputState_Enable;//输出使能
TIM_OCInitStructure.TIM_Pulse = SERVO_MID;   //设置跳变值,当计数器计数到这个值
                                             //时,电平发生跳变
```

```
TIM_OCInitStructure.TIM_OCPolarity = TIM_OCPolarity_High;
                         //设置PWM输出极性,当定时器计数值小于CCR1_Val时为高电平
TIM_OCInitStructure.TIM_OCIdleState = TIM_OCIdleState_Set;
TIM_OC1Init(TIM1, &TIM_OCInitStructure);          //完成特定通道的初始化
TIM_OC1PreloadConfig(TIM1, TIM_OCPreload_Enable); //使能通道的预装填寄存器
TIM_CtrlPWMOutputs(TIM1, ENABLE);                 //高级定时器特有,使能PWM输出
```

PWM 就是在原有定时器定时的基础上,增加了一个比较功能,比如定时器要计满 2 000 个数为一个循环,那么 PWM 的周期就是计完这 2 000 个数所需的时间。在此基础上,增加了一个比较值,比如比较值是 500,那么占空比就是(500/2 000)×100%= 25%,这个比较值就是上面程序中的的 TIM_Pulse(被赋值为 SERVO_MID)。每当定时器计数到比较值时,输出的电平会自动翻转,那么电平的高低怎么确定呢? 是由 TIM_OCMode、TIM_OCPolarity、TIM_OCIdleState 这几个值共同确定,这几个参数的具体情况,小伙伴们可以自行通过网络搜索学习,也可以试着修改并用示波器观察波形进行理解。配置完输出的电平高度、占空比的初始值,加上几句使能的代码, PWM 就配置完毕可以使用了。

```
/**********************************************
函数名称 : Servo_Control
功    能 : 舵机控制
参    数 : DutyCycle:中值为 SERVO_MID,范围 0~19 999
返 回 值 : 无
**********************************************/
void Servo_Control(u16 DutyCycle)
{
    //进行限幅,这里的最大值和最小值可以根据实际情况修改,修改位置在 motor.h 中
    if(DutyCycle >= SERVO_MAX)             //左侧限幅
    {
        DutyCycle = SERVO_MAX;
    }
    else if(DutyCycle <= SERVO_MIN)        //右侧限幅
    {
        DutyCycle = SERVO_MIN;
    }
    TIM_SetCompare1(TIM1,DutyCycle);
}
```

那如何修改 PWM 输出的占空比呢? 在 servo.c 的后半段可以找到 Servo_Control() 函数,这个函数是用于控制舵机转向的。这个函数的输入是定时器的比较值,定时器的总周期是 20 000 个数,所以比较值被限定在 0~19 999,占空比为:比较值/ 20 000。在这个函数中,首先对输入的比较值进行了限幅,这是因为如果舵机转角太

大,则可能会因为机械结构的限制导致舵机卡死,最终导致舵机烧毁,因此这里的软件限幅起到保护作用。然后调用了一个 ST 官方的库函数,对 PWM 的比较值进行了设定:TIM_SetCompare1(TIM1, DutyCycle)。这样就达到了改变输出 PWM 的占空比的目的。

小车标配的舵机是 180°舵机,也就是说,最大的旋转范围只有 180°,不能无限旋转,但是对于驱动小车的前轮来说,已经绰绰有余了。在对舵机进行调试时,请大家遵循以下步骤:先将舵机与前轮转向结构一起从小车上拆下;再通过程序控制 Servo_Control()函数给舵机赋予不同的占空比,观察舵机的转向情况,找到舵机转向的左、右极限,再将左、右极限对应的比较值作为 SERVO_MAX、SERVO_MIN 的值,接下来取这两个数的中值作为 SERVO_MID,并在 servo.h 文件中修改以上 3 个值;对 Servo_Control()赋予 SERVO_MID,让舵机转至中值位,这个中值位应该是两个轮子打正(小车笔直前进)时的值,因此,需要将舵盘和轮子从舵机上拆下,矫正到笔直后,再重新安装舵盘。

对电机控制,也是使用 PWM,配置及使用的方法与舵机 PWM 相同。读到这里,大家可以进行一下实验了,控制你的舵机按照你想象的角度进行旋转,控制两个后轮电机进行正、反转并调节速度,你会从中发现控制小车的乐趣。

4.4 模/数转换器

我们的智能车使用 ADC 检测赛道上铺设的 20 kHz 的交变电场进行导航,因此需要了解一下 ADC 具体该如何使用。首先打开例程:ADC&DMA,大家可以试着把这份例程下载到自己的小车中,例程的功能是在 OLED 屏幕上显示 4 路模拟值,这 4 路模拟值分别对应于车体前端的 4 组电感、电容组成的检波电路,检波电路的用处是把 20 kHz 的信号进行筛选和放大,同时抑制其他频率的信号,具体描述请参考第 5 讲的内容。大家可以尝试将小车放在通有 20kHz 交流信号的跑道的上方,晃动车身,观察屏幕上显示的数值的变化,屏幕上显示的 4 个数值会随着车身与跑道的夹角,呈现出一定规律的变化。

在 Workspace 中打开 Bsp 文件夹下的 sensor.c 文件,找到 Sensor_Configuration,可以看到 ADC 配置的过程。与其他所有外设一样,首先配置了 ADC 对应的 GPIO,然后打开了 ADC 的时钟(STM32 的所有外围设备都是这个固定套路),接下来对 ADC 和 DMA 进行初始化。

```
ADC_InitStructure.ADC_Mode = ADC_Mode_Independent;        //ADC 工作在独立模式
ADC_InitStructure.ADC_ScanConvMode = ENABLE;              //开启扫描模式
ADC_InitStructure.ADC_ContinuousConvMode = ENABLE;        //连续转换
ADC_InitStructure.ADC_ExternalTrigConv = ADC_ExternalTrigConv_None;  //外部触发转
                                                          //换开关关闭
```

```
ADC_InitStructure.ADC_DataAlign = ADC_DataAlign_Right;//数据对齐方式,右对齐
ADC_InitStructure.ADC_NbrOfChannel = 4;             //开启5个转换通道
ADC_Init(ADC1, &ADC_InitStructure);                  //初始化 ADC1

ADC_RegularChannelConfig(ADC1, ADC_Channel_2, 1, ADC_SampleTime_28Cycles5);
                //配置 ADC1 通道 0,转换顺序为第 1 顺位,采样时间 28.5 个周期
ADC_RegularChannelConfig(ADC1, ADC_Channel_3, 2, ADC_SampleTime_28Cycles5);
ADC_RegularChannelConfig(ADC1, ADC_Channel_4, 3, ADC_SampleTime_28Cycles5);
ADC_RegularChannelConfig(ADC1, ADC_Channel_5, 4, ADC_SampleTime_28Cycles5);
```

上面程序所示是 ADC 的配置,都是按照官方给出的例程修改而成,这里注意一下上面程序第二行的内容,这是开启了扫描模式,连续地采集了 ADC1 的 2、3、4、5 这 4 个通道,这 4 个通道对应着上一段所说的 4 路模拟值(STM32 有两个 ADC,每个 ADC 都对应多个通道,一个 ADC 可以采集多个通道的模拟值,这样做是为了节约设备资源,做到两个 ADC 采集多路不同的模拟值)。

```
DMA_DeInit(DMA1_Channel1);                          //将 DMA 的通道 1 寄存器重设为默认值
DMA_InitStructure.DMA_PeripheralBaseAddr = ADC1_DR_Address;//DMA 外设 ADC 基地址
DMA_InitStructure.DMA_MemoryBaseAddr = (uint32_t)g_ADC1_ConvertedValues;
                                                    //DMA 内存基地址
DMA_InitStructure.DMA_DIR = DMA_DIR_PeripheralSRC;  //内存作为数据传输的目的地
DMA_InitStructure.DMA_BufferSize = 4;               //DMA 通道的 DMA 缓存的大小
DMA_InitStructure.DMA_PeripheralInc = DMA_PeripheralInc_Disable;
                                                    //外设地址寄存器不变
DMA_InitStructure.DMA_MemoryInc = DMA_MemoryInc_Enable;   //内存地址寄存器递增
DMA_InitStructure.DMA_PeripheralDataSize = DMA_PeripheralDataSize_HalfWord;
                                                    //数据宽度为 16 位
DMA_InitStructure.DMA_MemoryDataSize = DMA_MemoryDataSize_HalfWord;
                                                    //数据宽度为 16 位
DMA_InitStructure.DMA_Mode = DMA_Mode_Circular;     //工作在循环缓存模式
DMA_InitStructure.DMA_Priority = DMA_Priority_High; //DMA 通道 1 拥有高优先级
DMA_InitStructure.DMA_M2M = DMA_M2M_Disable;  //DMA 通道 x 没有设置为内存到内存传输
DMA_Init(DMA1_Channel1, &DMA_InitStructure);        //初始化 DMA 的通道
DMA_Cmd(DMA1_Channel1, ENABLE);                     //启动 DMA 通道
```

DMA(Direct Memory Access,直接内存存取),是一个用于搬运数据的设备,经常与 ADC 联合使用。这样,ADC 采集到的数据可以不必有 CPU 的参与,也不需要程序员编写读取数据的代码,就可以自动从源地址搬运到目的地址了。上面程序第二行的"ADC1_DR_Address"设定了 DMA 的源地址为 ADC1 的寄存器,目的地址为内存的 g_ADC1_ConvertedValues 数组,每次搬运 4 组数据。这样,每当 ADC 采集到数据,DMA 就会自动地将 ADC 转换得到的 4 个通道的值搬运到全局数组

g_ADC1_ConvertedValues 中。

4.5 OLED 液晶屏

OLED(Organic Light-Emitting Diode,有机发光二极管),目前被广泛地应用于各种移动设备上。OLED 显示技术具有自发光、广视角、高对比度、低耗电、高反应速度等优点,但是同样有着价格高、寿命短、难以大型化等问题。我们使用的是 0.96 寸 7 针的 OLED 显示屏,如图 4-6 所示,其具有的详细参数如下:

- 供电电压范围为 3～5 V;
- 分辨率为 128×64;
- 可视范围大于 160°;
- 屏幕尺寸为 0.96 寸,显示区域为 22 mm×11 mm;
- 驱动芯片为 SSD1306。

图 4-6 OLED

OLED 的 7 个引脚分别如下:

- GND:电源地;
- VCC:电源正极(3～5 V);
- D0:SPI 接口时为 SPI 时钟线,I^2C 接口时为 I^2C 时钟线;
- D1:SPI 接口时为 SPI 数据线,I^2C 接口时为 I^2C 数据线;
- RES:复位引脚,OLED 在上电后需要一次复位;
- DC:SPI 数据/命令选择引脚、I^2C 接口时用来设置 I^2C 地址;
- CS:OLED 片选引脚,低电平有效。

由于 OLED 的显示是由驱动芯片 SSD1306 控制的,所以要控制 OLED 显示,就要与 SSD1306 进行通信,把要显示的内容传输给 SSD1306 进行显示。在对 SSD1306 通信之前,先将相应的引脚初始化并对 SSD1306 进行初始化设置,OLED 初始化设置集成在函数 void OLED_Configuration(void)里。

鉴于大家都是初学者,这里就不对初始化的内容进行讲解了,大家只需要将初始化函数调用就可以。用于显示的函数有以下几种:

1. 显示英文字符串函数

```
void OLED_ShowString(u8 x,u8 y,u8 * chr);
```

此函数可以显示像素为 8×16 的 ASCII 上所有的字符,参数 x 与 y 为字符串的起始位置,x 指示横坐标(0～128),y 指示纵坐标(0～7),纵坐标一个值为 8 个像素,故纵向共有 64 个像素;参数 * chr 是显示的字符串,没有长度限制,但注意不要显示超过

OLED 实际像素的范围。这里的参数形参 x、y 都是 u8 类型,即 8 位无符号字节数。

调用实例:OLED_ShowString(20,0,"Hello World");

2. 显示数字函数

void OLED_ShowNum(u8 x,u8 y,u32 num,u8 len,u8 size);

此函数可以显示像素为 8×16 的数字,参数 x 与 y 为字符串的起始位置,x 指示横坐标(0~128),y 指示纵坐标(0~7);参数 num 为要显示的数字,可显示的数字类型为 32 位无符号数(u32),数字的位数用参数 len 表示;参数 size 为字体大小,当前字库只有 8×16 的字体,这里选 16 的话字体间距是刚好的,若 size 参数用大于 16 的数,则字体间距就会变大,故可以用这个参数来调节数字间的间隔。

调用实例:OLED_ShowNum(0,0,12345,5,16);

3. 显示取字模函数

void OLED_show_word(u8 x0, u8 y0,u8 x1, u8 y1,const u8 Font[]);

此函数可以显示任意由取字模软件生成的字。参数 x0、y0 分别为字模的起始横坐标(0~128)和纵坐标(0~7);参数 x1、y1 分别为字模的终点横坐标(0~128)和纵坐标(0~7);参数 Font[]为保存在数组中的字模。

调用实例如下:

① 打开取字模软件(见图 4-7)。

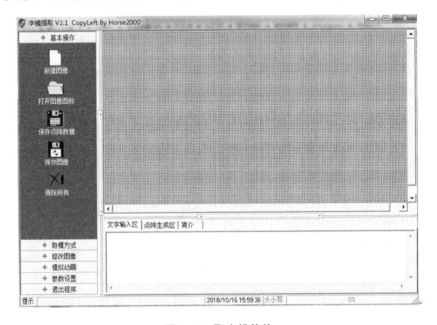

图 4-7 取字模软件

② 在文字输入区输入想要取字模的字,中英文皆可,在文字输入区右击可以设置字体字号,输入完成后按 Ctrl+Enter 键,可以看到字模在点阵区中显示出来了,如图 4-8 所示。

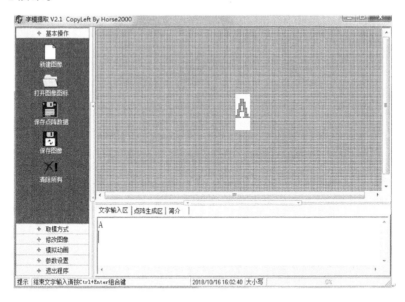

图 4-8　在取字模软件中输入文字

③ 单击左侧"取模方式"中的"C51 格式",在右下边会出现字模的十六进制编码,如图 4-9 所示。

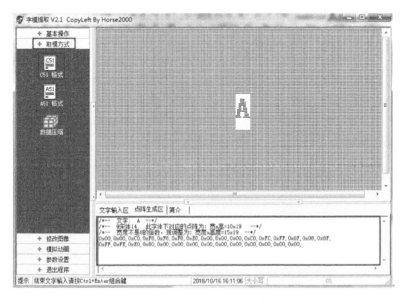

图 4-9　软件对"A"取字模

④ 将点阵生成区的字符编码复制到示例程序的 oled.c 中,并且将其定义到一个数组中:

```
Const u8 Font9[] =
{
/* -- 文字:  A  --*/
/* -- @宋体14;  此字体下对应的点阵为:宽×高=10×19   --*/
/* -- 宽度不是8的倍数,现调整为:宽度×高度=15×19   --*/
0x00,0x00,0xC0,0xF8,0xF8,0xF8,0xE0,0x00,0x00,0x00,0xC0,0xFC,0xFF,0x8F,0x08,0x8F,
0xFF,0xFE,0xE0,0x80,0x00,0x00,0x00,0x00,0x00,0x00,0x00,0x00,0x00,
}
```

⑤ 将字模数组进行外部声明:"extern const u8 Font9[];"。
⑥ 调用"OLED_show_word(0,0,2,19,Font9);"。

注意: 终点坐标的选取是由字模的宽度与高度来决定的,终点 x1=x0+字模宽度;终点 y1=y0+字模高度(高度以字节为单位,一个字节为8个像素点,需要除以8,不是整数的需要加1,比如高度为19,则字模高度为3)。

可能有的同学要问了,这个字模为什么能显示在 OLED 上呢?下面将给大家讲一下。

SSD1306 的显存总共为 128×64 bit 大小,SSD1306 将这些显存分为了8页,每页包含128字节,这样刚好是 128×64 的点阵大小。OLED 显示像素与显存的对应关系如表 4-1 所列。

表 4-1 OLED 的显存对应

	列(COL0~127)						
行 (COM0~63)	SEG0	SEG1	SEG2	……	SEG125	SEG126	SEG127
	PAGE0						
	PAGE1						
	PAGE2						
	PAGE3						
	PAGE4						
	PAGE5						
	PAGE6						
	PAGE7						

假设要显示图 4-10 中的"A",应该怎么做呢?只需要根据上面的像素显存对应图,记住从左上角开始竖着的8个像素是一个字节,也就是一个十六进制数。图 4-11 左上角框起的8个像素为一个字节,用二进制表示是 0000 0000,也就是十六进制的 0x00;从左向右第二列竖着的8个像素也是 0x00,到第三列就变了,二进制

为 1100 0000,十六进制就是 0xC0,以此类推第四个就是 0xF8 了。第一行写完之后回到第二行左边第一列,继续竖着 8 个像素为一个字节,二进制就是 1100 0000,十六进制就是 0xC0。全写出来就是图 4-11 所示的三行编码。

4. 显示图片函数

void OLED_DrawBMP(u8 x0, u8 y0, u8 x1, u8 y1, const u8 BMP[]);

此函数用于显示图片,参数 x0、y0 分别为字模的起始横坐标(0~128)和纵坐标(0~7);参数 x1、y1 分别为字模

图 4-10 "A"的字符点阵

图 4-11 "A"所对应的编码

的终点横坐标(0~128)和纵坐标(0~7);参数 BMP[] 为保存在数组中的图片编码。

具体取图片编码的方式如下:

① 打开取字模软件,单击左侧的"打开图像图标",找到想要生成编码的图片(软件只支持 bmp 及 ico 格式的图片),单击打开后点阵区会出现图片的点阵图(见图 4-12)。

② 选择左侧的"取模方式"中的"C51 格式",在右下方会出现图片的十六进制编码,如图 4-13 所示(注意框内的宽度和高度不要超过 OLED 的显示范围)。

③ 将图片编码复制到示例程序的 oled.c 中,并且将其定义到一个数组中:

```
Const u8 Picture1[] =
{
/* -- 调入了一幅图像:C:\Users\Administrator\Desktop\UZB.bmp   --*/
/* -- 宽度 x 高度 = 30x30   --*/
/* -- 宽度不是 8 的倍数,现调整为:宽度 x 高度 = 30x32   --*/
0x00,0x00,0xC0,0xE0,0x30,0x98,0xCC,0xCC,0x06,0xE6,0xF3,0xF3,0xFB,0xFB,0x7D,
0x7D,0xBF,0xBB,0xD3,0xE3,0xE6,0xE6,0xCC,0xCC,0x98,0x30,0xE0,0xC0,0x00,0x00,
0xFC,0xFF,0x03,0x7E,0x7F,0xFF,0xFF,0xFF,0x00,0xFB,0xFB,0xFD,0xFD,0xFE,0x3F,
0x3F,0xFE,0xFF,0xFD,0xFB,0xFB,0x07,0xF7,0xEF,0xFF,0xDF,0xBE,0x03,0xBF,0xFC,
0x0F,0x3F,0x70,0xDF,0xBF,0x3E,0x7F,0xFD,0xF8,0xFB,0xF7,0x77,0x6F,0xBF,0x9F,
0xDF,0xFF,0xEF,0xF7,0xF7,0xFB,0x00,0xFF,0x7F,0x7F,0xBF,0xDF,0x70,0x3F,0x0F,
0x00,0x00,0x00,0x01,0x03,0x07,0x06,0x0C,0x0C,0x19,0x18,0x13,0x33,0x37,0x3F,
0x3F,0x37,0x33,0x13,0x19,0x19,0x0C,0x0C,0x06,0x07,0x03,0x01,0x00,0x00,0x00,
};
```

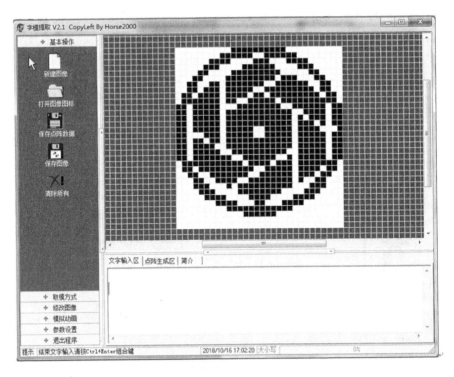

图 4-12 取字模软件:打开图像

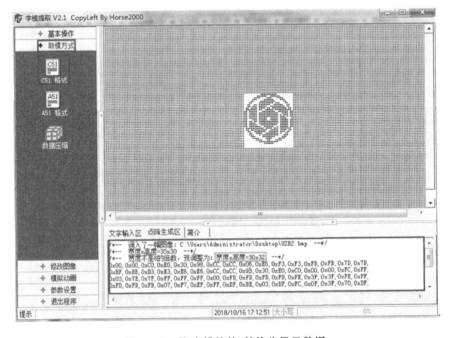

图 4-13 取字模软件:转换为显示数据

④ 将数组 Picture1[]在 oled.h 中进行外部声明:"extern const u8 Picture1[]"。
⑤ 在主函数中调用"OLED_DrawBMP(11,0,41,4,Picture1)"。

注意:终点坐标的选取是由字模的宽度与高度决定的,终点 x1＝x0＋字模宽度;终点 y1＝y0＋字模高度(高度以字节为单位,一个字节为 8 个像素点,需要除以 8,不是整数的需要加 1,比如高度为 19,则字模高度为 3)。

图片的取模原理与字模是一样的,都是由竖着的 8 个相邻像素组成一个字节,然后一行一行地生成的,利用这个原理甚至可以显示动态的图片、波形等。

4.6　STM32 的引脚模式

4.6.1　STM32 的 GPIO 模式

STM32 的 GPIO 有以下几种模式可供使用。

(1) 浮空输入(默认状态):GPIO_Mode_IN_FLOATING
引脚自身视为开路,电平由外部电路决定,不能输出。

(2) 上拉输入:GPIO_Mode_IPU
与浮空输入类似,但当外部电平不确定时,会被拉至高电平。

(3) 下拉输入:GPIO_Mode_IPD
与浮空输入类似,但当外部电平不确定时,会被拉至低电平。

(4) 模拟输入:GPIO_Mode_AIN
用作内部 AD 采样脚。

(5) 通用开漏输出:GPIO_Mode_OUT_OD
输出 0 为低电平,输出 1 为高阻态,电平由外部电路决定,可以读出引脚状态。

(6) 通用推挽输出:GPIO_Mode_OUT_PP
输出 0 为低电平,输出 1 为内部电源电平(3.3V)。

(7) 复用开漏输出:GPIO_Mode_AF_OD
由复用外设控制输出,效果与通用开漏输出一致。

(8) 复用推挽输出:GPIO_Mode_AF_PP
由复用外设控制输出,效果与通用推挽输出一致。

4.6.2　I/O 的功能模式

为方便大家理解,这里借用 techexchangeischeap 的 CSDN 博客中的内容进行讲解,此处对博主的贡献表示由衷的感谢。

概括地说,I/O 的功能模式大致可以分为输入、输出和输入/输出双向三大类。其中,作为基本输入 I/O,相对比较简单,主要涉及的知识点就是高阻态;作为输出 I/O,相比于输入复杂一些,工作模式主要有开漏(Open Drain)模式和推挽(Push-Pull)模式,这一部分涉及的知识点比较多。下面就按照这样的顺序依次介绍各个模式的详细情况。

1. 输入I/O

这里所说的输入I/O,指的是只作为输入,不具有输出功能。此时对于input引脚的要求就是高阻(高阻与三态是同一个概念)。基本输入电路的类型大致可以分为3类:基本输入I/O电路(见图4-14)、施密特触发输入电路及弱上拉输入电路。

先从最基本的基本输入I/O电路说起,其电路如图4-14所示,其中的缓冲器U1是具有控制输入端,且具有高阻抗特性的三态缓冲器。通俗地说,就是这个缓冲器对外来说是高阻的,相当于在控制输入端不使能的情况下,物理引脚与内部总线之间是完全隔离的,完全不会影响内部电路,而控制输入端的作用就是可以发出读引脚状态的操作指令。其过程如图4-15所示。

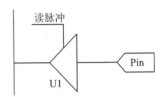

图4-14 基本输入I/O电路

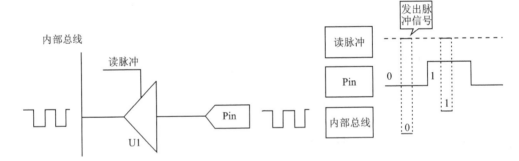

图4-15 读取引脚电平的过程

注意:图4-15中的CPU会自动发出读脉冲信号,读脉冲的作用时间很短,而且读到的值总是0或1。这种基本电路的一个缺点是在读取外部信号的跳变沿时会出现抖动,如图4-16所示。

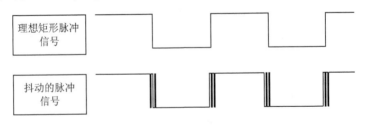

图4-16 信号抖动(比如按键)

施密特触发输入电路就解决了上述这种抖动的问题,经过施密特触发器后的信号如图4-17所示。

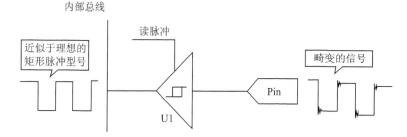

图 4-17 施密特触发输入电路

对于输入电路还存在另外一个问题,就是当输入引脚悬空时,输入端检测到的电平是高还是低?当输入信号没有被驱动,即悬空(Floating)时,输入引脚上任何的噪声都会改变输入端检测到的电平,如图 4-18 所示。

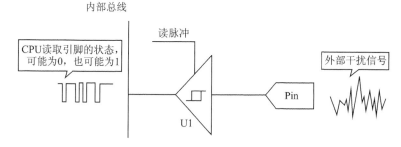

图 4-18 存在外部干扰信号的情况

为了解决这个问题,可以在输入引脚处加一个弱上拉电阻,如图 4-19 所示。

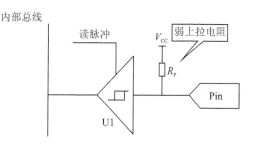

图 4-19 弱上拉电阻

这样,当输入引脚悬空时,会被 R_p 上拉到高电平,在内部总线上就有确定的状态了。

但是这种结构是有一定问题的。首先很明显的一点,就是当输入引脚悬空时读到的是 1,当输入引脚被高电平驱动时读到的也是 1,只有当输入引脚被低电平驱动时读到的才是 0。也就是说,对于读 1 采取的方式是"读取非零"的方式。

另一个问题是该电路对外呈现的不是高阻,某种意义上说也在向外输出,当外部驱动电路不同时可能出现错误的检测结果。例如外部驱动电路是如图 4-20 所示的结构,该电路结构中通过把 K 拨到不同的端可以输出高电平或者低电平。

如果将图 4-21 所示的电路输出低电平,连接到带有弱上拉电阻的输入引脚,其结构如图 4-22 所示。

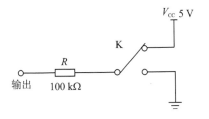

图 4-20 外部驱动电路

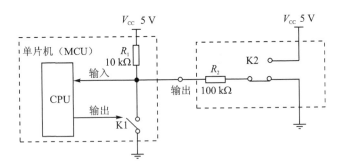

图 4-21 输入测试 1

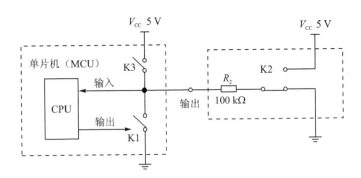

图 4-22 输入测试 2

由欧姆定律知,测试点处的电平是 $5\ \text{V} \times \dfrac{100\ \text{k}\Omega}{10\ \text{k}\Omega + 100\ \text{k}\Omega} = 4.545\ \text{V}$,于是 CPU 测得的输入信号为高,而外部驱动电路希望输出的电平为低。这种错误的原因就在于这种结构的输入电路并不是真正的高阻,或者说这个输入 I/O 其实也在输出,而且影响了外部输入电路。

这种情况的发生也说明了:信号前后两级传递,为什么需要输出阻抗小、输入阻抗大的原因。在这个例子中,外围驱动电路的输出阻抗很大,达到了 100 kΩ,而输入端的阻抗又不够大,只有 10 kΩ,于是就出现了问题。如果输入端的输入阻抗真正做到高阻(无穷大),如图 4-22 所示,就不会出现问题了。

2. 输出 I/O

I/O 输出电路最主要的两种模式分别是推挽输出(Push – Pull Output)和开漏输出(Open Drain Output)。

推挽输出也叫作图腾柱输出,推挽输出的结构是由两个三极管或者 MOS 管受到互补信号的控制,两个管子始终保持一个处于截止,另一个处于导通的状态,如图 4 – 23 所示。

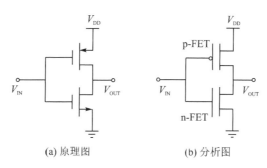

图 4 – 23 推挽输出

推挽输出的最大特点是可以真正地输出高电平和低电平,且在两种电平下都具有驱动能力。所谓的驱动能力,就是指输出电流的能力。对于驱动大负载(负载内阻越小,负载越大),例如 I/O 输出为 5 V,驱动的负载内阻为 10 Ω,于是根据欧姆定律可以算出正常情况下负载上的电流为 0.5 A(推算出功率为 2.5 W)。显然,一般的 I/O 不可能有这么大的驱动能力,也就是没有办法输出这么大的电流。于是造成的结果就是输出电压会被拉下来,达不到标称的 5 V。

当然,如果只是数字信号的传递,下一级的输入阻抗理论上最好是高阻,也就是只需要传电压,基本没有电流,也就没有功率,于是就不需要很大的驱动能力。

对于推挽输出,输出高、低电平时电流的流向如图 4 – 24 所示。所以相比于后面介绍的开漏输出,其输出高电平时的驱动能力要强很多。

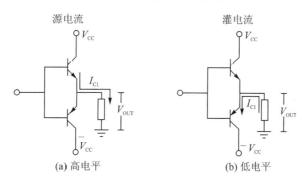

图 4 – 24 电流流向图

但推挽输出的一个缺点是,如果当两个推挽输出结构相连在一起,一个输出高电平,即上面的 MOS 导通,下面的 MOS 闭合时,另一个输出低电平,即上面的 MOS 闭合,下面的 MOS 导通,则电流会从第一个引脚的 VCC 通过上端 MOS 再经过第二个引脚的下端 MOS 直接流向 GND。由于整个通路上的电阻很小,所以会发生短路,进而可能造成端口的损害。这也是为什么推挽输出不能实现"线与"的原因。

常说的与推挽输出相对的就是开漏输出,对于开漏输出和推挽输出的区别最普遍的说法就是开漏输出无法真正输出高电平,即高电平时没有驱动能力,需要借助外部上拉电阻来完成对外驱动。下面就从内部结构和原理上说明为什么开漏输出高电平时没有驱动能力,以及进一步比较它与推挽输出的区别。

首先需要介绍一下开漏输出和开集输出。这两种输出的原理和特性基本类似,区别在于一个使用 MOS 管,其中的"漏"指的就是 MOS 管的漏极;另一个使用三极管,其中的"集"指的就是三极管的集电极。这两者其实都是与推挽输出相对应的输出模式,由于使用 MOS 管的情况较多,很多时候就用"开漏输出"这个词代替了开漏输出和开集输出。

下面就先从开集输出开始介绍,其原理电路如图 4-25 所示。

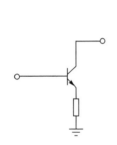   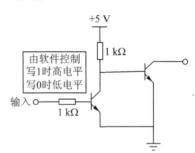

(a) 开集输出最基本的电路   (b) 多使用了一个三极管后的开集输出电路

图 4-25 开集输出

图 4-25(a)所示的电路是开集(OC)输出最基本的电路,当输入高电平时,NPN 三极管导通,输出被拉到 GND,输出为低电平;当输入为低电平时,NPN 三极管闭合,输出相当于开路(输出高阻)。高电平时输出高阻(高阻、三态及 Floating 说的都是一个意思),此时对外没有任何的驱动能力。这就是开漏和开集输出最大的特点,如何利用该特点完成各种功能将稍后介绍。这个电路虽然完成了开集输出的功能,但是会出现输入为高、输出为低,输入为低、输出为高的情况。

图 4-25(b)所示的电路中多使用了一个三极管完成了"反相"。当输入为高电平时,第一个三极管导通,此时第二个三极管的输入端会被拉到 GND,于是第二个三极管闭合,输出高阻;当输入为低电平时,第一个三极管闭合,此时第二个三极管的输入端会被上拉电阻拉到高电平,于是第二个三极管导通,输出被拉到 GND。这样,这个电路的输入与输出就是同相的了。

接下来介绍开漏输出的电路,如图4-26所示。其原理与开集输出的基本相同,只是将三极管换成了MOS管而已。

接着介绍开漏、开集输出的特点及应用,由于两者相似,后文中若无特殊说明,则用开漏表示开漏和开集输出电路。

开漏输出最主要的特性就是高电平没有驱动能力,需要借助外部上拉电阻才能真正输出高电平,其电路如图4-27所示。

图4-26 MOS管的开漏　　　图4-27 MOS管开漏输出后外部接上拉电阻

当MOS管闭合,开漏输出电路输出高电平,且连接着负载时,电流流向是从外部电源流经上拉电阻R_{PU},流进负载,最后进入GND。

开漏输出这一特性的一个明显的优势就是可以很方便地调节输出的电平,因为输出电平完全由上拉电阻连接的电源电平决定。所以在需要进行电平转换的地方,非常适合使用开漏输出。举例说明:如果MCU是+3.3 V驱动的,那么MCU的输出高电平最高就是+3.3 V,但是它面对的负载是需要+24 V驱动的,例如一个+24 V的继电器,那么只需要把R_{PU}换成继电器的线圈即可。

开漏输出这一特性的另一个优点在于可以实现"线与"功能,所谓的"线与"指的是多个信号线直接连接在一起,只有当所有信号全部为高电平时,合在一起的总线才为高电平;只要有任意一个或者多个信号为低电平,则总线为低电平。而推挽输出就不行,如果高电平和低电平连在一起,则会出现电流倒灌,损坏器件。

推挽输出与开漏输出的区别如表4-2所列。

表4-2 推挽与开漏输出的区别

比较项目	推挽输出	开漏输出
高电平驱动能力	强	由外部上拉电阻提供
低电平驱动能力	强	强
电平跳变速度	快	由外部上拉电阻决定,电阻越小,反应越快,功耗越大
线与功能	不支持	支持
电平转换	不支持	支持

第 5 讲

智能车检测技术

5.1 概 述

本讲将为大家介绍智能车的眼睛——赛道传感器。赛道传感器的数据采集与处理是整个智能车制作调试中至关重要的一环,车在赛道上的奔跑就靠它指路,如果赛道传感器调试不好,则再厉害的控制算法也起不到作用。

在第 1 讲中简单介绍过智能车的传感器分类,用于检测赛道的传感器主要有线阵摄像头、面阵摄像头、电磁传感器等。线阵摄像头的图像传感器采用的是 CCD(Charge Coupled Device,电荷耦合组件),是应用在摄像、图像扫描方面的高端技术组件;面阵摄像头的图像传感器采用的是 CMOS(Complementary Metal-Oxide Semiconductor,附加金属氧化物半导体组件),大多应用在一些低端视频产品中。但是,这样的定位并不表示在具体的摄像头使用时,两者有很大区别。事实上经过技术改造,目前 CCD 和 CMOS 的实际效果差距已经大大减小了,而 CMOS 的制造成本和功耗都要低于 CCD,所以很多摄像头生产厂商采用的都是 CMOS 镜头。

用于智能车比赛的线阵摄像头通常使用 TSL1401,它可以一次成像为 128×1 的图像。线阵型 CCD 成本较低,如果加以运动机构,也可以扫描面阵图像。例如,复印机中实际上就是一个线阵型 CCD,通过运动机构和线阵型 CCD 相互配合,就可以把整个图片扫描下来,不过需要一定的时间。

用于智能车比赛的面阵摄像头分为数字摄像头与模拟摄像头。两者最主要的区别在于摄像头提供给我们的数据是数字信号还是模拟信号。数字摄像头的信号线最少需要 8 根,再加上行中断、场中断、像素中断以及电源和地线,使得接线变得比较复杂,摄像头体积也偏大,但由于可以直接得到数字信号,所以在一定程度上降低了使用难度;模拟摄像头只有 3 根线,即电源线、地线、信号线,而且体积相对较小,可以有效地降低车体的质心,但需要专用芯片进行解码。

电磁赛道传感器采用电感和电容并联产生相应的特定频率谐振,其频率的设定为跑道谐振频率的附近,再通过谐振选频、放大,获取跑道上由变化的电流产生的变化的磁场,从而产生相应的交流电压,再将相应的交流电压进行放大、整流和滤波,从而得到单片机可以采集的电压。下面将详细介绍电磁传感器的原理及运用。

5.2 电磁检测的电路原理

电磁检测电路的组成如图 5-1 所示,下面就对这 4 部分依次讲解。

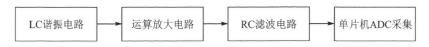

图 5-1 电磁信号处理电路的组成

5.2.1 LC 谐振电路

智能车电磁组赛道中央铺设了一条 0.1~1.0 mm 的漆包线,其中通有 20 kHz、100 mA 的交变电流,智能车就是通过测试该交变电流产生的磁场来判断赛道信息的。

大家仔细观察智能车上的传感器电路板,会发现从左到右共有 4 组如图 5-2 所示的电感与电容的组合,这个组合就形成了一个电感电容并联谐振电路。电感采用 10 mH 的工字电感,电容采用精度稳定性较高的校正电容,容值为 6.8 nF,根据以下公式计算得到并联谐振电路的谐振频率:

$$f_0 = \frac{1}{2\pi\sqrt{LC}} \tag{5-1}$$

计算得到 10 mH 电感与 6.8 nF 电容的谐振频率为 19.3 kHz,这是使用市场上容易获取的电容、电感所得到的最接近 20 kHz 的谐振频率。

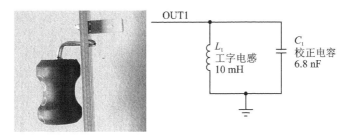

图 5-2 电感与电容的组合

这个电路会与赛道产生的磁场发生电磁感应,在电感两端产生感应电动势。在一个水平面上,电感与赛道中央漆包线距离越近产生的感应电动势就越大,呈现如图 5-3 所示的曲线变化。所以,假如将电磁传感器垂直对称放置于赛道漆包线上方并且水平,则采集到的数据也会对称分布。

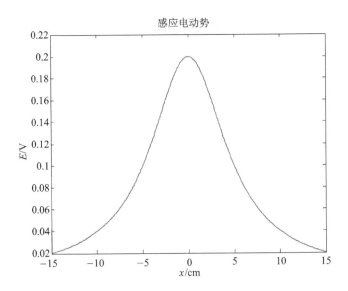

图 5-3　水平电感感应电动势与位置关系

5.2.2　运算放大电路

图 5-4 所示是 U-STM32-F101 主控电路板上,对谐振电路输出的振荡波形进行放大滤波的电路,是不是整体看起来很复杂的样子?其实这是 4 路信号处理的电路,只需要弄明白其中一路就可以了,其他三路都是一样的。第一路(SIGNAL1)的信号处理电路被方框框起来了,这里就重点研究一下。

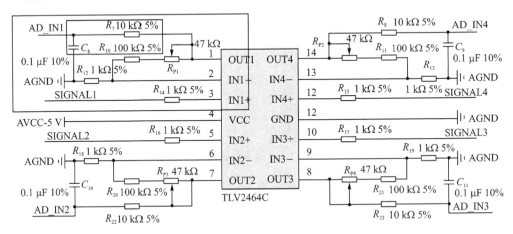

图 5-4　电磁信号放大滤波电路

将 SIGNAL1 的信号处理电路单独拿出来并换成放大器的画法如图 5-5 所示,是不是清晰多了?这样与大学"模拟电子技术基础"课程中的同相比例放大器一致了。可能有的同学还没有学到这门课程,这里就讲解一下运算放大器的分析方法。运算放大器一般用"虚短"与"虚断"来分析,看到这两个名词,已经学过"模拟电子技术基础"的同学肯定感觉特别亲切。

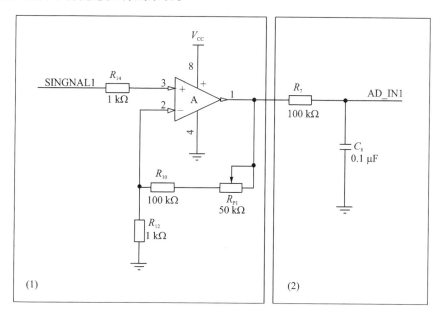

图 5-5 SIGNAL1 的放大滤波电路

(1)"虚短"的概念

由于运放的电压放大倍数很大,一般通用型运算放大器的开环电压放大倍数都在 80 dB 以上,而运放的输出电压是有限的,一般在 10~14 V,因此运放的差模输入电压不足 1 mV。

两输入端近似等电位,相当于"短路"。开环电压放大倍数越大,两输入端的电位越接近相等。

(2)"虚断"的概念

由于运放的差模输入电阻也很大,一般通用型运算放大器的输入电阻都在 1 MΩ 以上。因此,流入运放输入端的电流往往不足 1 μA,远小于输入端外电路的电流。通常可把运放的两输入端视为开路,且输入电阻越大,两输入端越接近开路。"虚断"是指在分析运放处于线性状态时,可以把两输入端视为等效开路,这一特性称为虚假开路,简称"虚断"。显然不能将两输入端真正断路。

说了这么多的概念,根据图 5-6 总结如下:

由"虚短"可得:$U_- = U_+$,即两输入端等电位;

由"虚断"可得:$I_- = I_+ = 0$,即两输入端视为等效开路,流入两输入端的电流为 0。

再看一下图 5-6,将图 5-5 中标号为 SINGNAL1 这点的电压设为 U_1,运算放大器输出端引脚标号为 1 的电压设为 U_o，流经 R_{12} 的电流设为 I_o。

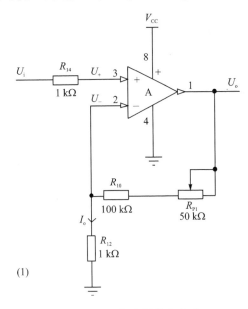

图 5-6 同相比例放大电路

根据 $I_+ = 0$ 可以推出 $U_i = U_+$，根据 $U_- = U_+$ 又可以得出 $U_i = U_-$；
由于 $I_- = 0$，所以可推出：

$$U_i = I_o R_{12} \tag{5-2}$$

$$U_o - U_- = I_o (R_{10} + R_{P1}) \tag{5-3}$$

两个式子联立将 I_o 消去，可以得到：

$$\frac{U_o}{U_i} = 1 + \frac{R_{10} + R_{P1}}{R_{12}} \tag{5-4}$$

放大倍数 A 为 U_o 与 U_i 的比值，这样可得到同相比例放大器放大倍数的计算公式：

$$A = 1 + \frac{R_{10} + R_{P1}}{R_{12}} \tag{5-5}$$

根据上面放大倍数的计算公式可以计算出这个同相比例放大电路的放大倍数为 100～150 倍，也就是说，将 LC 谐振电路输出的感应电动势放大了 100 多倍，通过图 5-7 可以看到实际的输入与输出波形。

看到图 5-7 大家是不是会感到有点不太对劲？为什么放大器输入是有正负两个半波的，怎么输出就只有正半波了？原因就在于放大器的使用上。大家可以看到图 5-6 所示的放大器使用的是单电源，引脚 4 并没有使用负电压的电源而是直接接地了，这就导致输出波形的负半轴没有了。那这样是不是就错了？当然是没错的，因为使用的 STM32 单片机的 ADC 可输入电压范围为 0～3.6 V，不能将负电压输入 ADC 引脚；另外，正半波的波形就已经可以反映出磁场强度的大小了。通过图 5-7

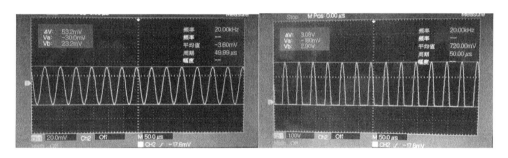

图 5-7 同相比例放大电路的输入与输出波形

可以知道输入波形的峰-峰值大约为 53 mV,输出波形的峰-峰值大约为 6 V(峰-峰值指的是波形最高点与最低点的电压差,输出波形只有半波,这里的放大倍数要用全波来算,因为这里的半波是由于只有正电源造成的),算一下实际的放大倍数大约是 113 倍,在计算出的放大倍数范围之内。

这里需要注意的是,计算出的放大倍数与实际测出的放大倍数会有微小的差别,这是由于常用的电阻一般有 5% 的误差,而所谓的运放"虚短"和"虚断"只是为了计算方便的一种假设而已,实际上正输入端与负输入端有着微小的电位差,而从输入端输入运放的电流是近似为零的。如果考虑所有上述因素,就应该知道计算出的放大倍数是个大体正确的值,而不是一个精确值。

要注意的是,如果流过 R_{12} 的电流 I_o 比较小,例如小于 0.5 mA,此时如果还按照"虚短""虚断"的概念去计算电路放大倍数,就会发现与理想状态差异较大。显然此时不能用理想状态对电路进行分析,必须具体电路具体分析。当然,这也提醒我们在电路设计时不要使电流 I_o 过小,这样可以简化电路分析过程。

在实际的运算放大器应用中,还有可能用到反相比例放大电路,如图 5-8 所示。分析方法与同相比例放大器是一样的。

由"虚短"可得 $U_- = U_+$,由"虚断"可得 $I_- = I_+ = 0$,则可得到:

$$U_- = U_+ = 0 \quad (5-6)$$
$$U_i - U_- = I_o R_1 \quad (5-7)$$
$$U_- - U_o = I_o R_2 \quad (5-8)$$

三式联立,可得

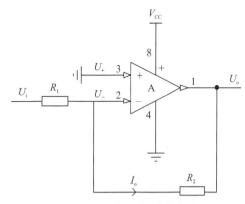

图 5-8 反相比例放大电路

$$\frac{U_o}{U_i} = -\frac{R_2}{R_1} \quad (5-9)$$

看到这个公式大家应该就明白为什么将图 5-8 所示的放大器叫作反相比例放

大器了,因为它的输入波形与输出波形是反相的,如图 5-9 所示。

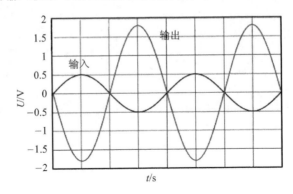

图 5-9　反相比例放大电路的输入与输出仿真波形

5.2.3　RC 滤波电路

由于最终需要的是电感两端感应电动势的大小,虽然图 5-7 所示的半波波形的幅值也能用单片机采集它的峰值,来反映电感两端的电动势,但这样增大了单片机的运算量和代码复杂程度。所以,在放大器电路后面加了一阶低通滤波电路,将信号中的高频成分滤除,直接将低频直流信号送入单片机的 ADC 引脚进行采集(见图 5-10)。这样用单片机直接采集直流电压信号是非常简单的,并且信号中的直流信号也同样能反映出电感两端的电动势。

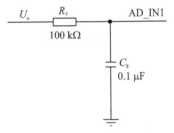

图 5-10　RC 一阶低通滤波电路

图 5-4 左上部分与图 5-5 右边框里的电阻与电容组成了 RC 一阶低通滤波电路,图 5-10 将这个电路单独拿了出来。低通滤波,顾名思义就是只能通过低频率的信号,而将高频率的信号滤除掉。RC 一阶低通滤波的截止频率计算公式为

$$f_c = \frac{1}{2\pi RC} \tag{5-10}$$

可以计算得到截止频率 f_c 为 159 Hz,这样高于 f_c 的高频信号就会被滤除,只剩下低频的直流信号。当然,高频信号并不是完全滤除,只是被衰减到了可以接受的程度。图 5-11 所示是 RC 一阶低通滤波的幅频特性曲线,显示了不同频率下的波形幅值衰减程度。

通过图 5-11 可以看到,当 $f/f_c = 20$ 时高频成分已经衰减到了之前的大约 0.05 倍以下。图 5-12 所示是滤波完成后的波形,可以看到波形几乎就是一条直线。

但放大后还是可以看到 20 kHz 的波形(见图 5-13),峰-峰值 V_{pp} 只有大约 40 mV,不过波形已经变成了三角波。这是由于电容不停地充电、放电,并且由于充

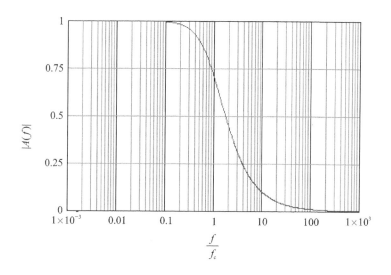

图 5-11 RC 一阶低通滤波器的幅频曲线

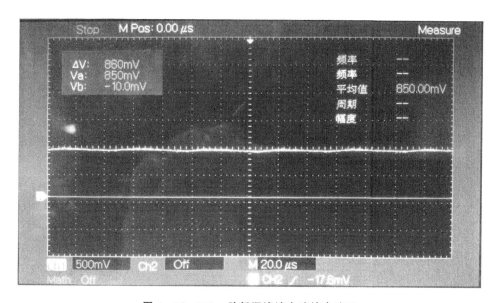

图 5-12 RC 一阶低通滤波电路输出波形

电与放电周期的不同而导致一个斜三角波形的产生。

总结一下,整个电磁信号的处理过程如图 5-14 所示。

经过滤波后的信号已经变成了一个基本平稳的电压信号,这个电压信号会随着将对应的电感靠近赛道中央而变大,而单片机只需要采集出这个电压信号的幅值就可以知道传感器偏离赛道的远近了。

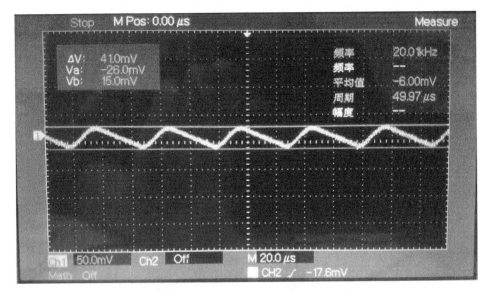

图 5-13 RC 一阶低通滤波电路输出波形的交流成分波形（交流耦合下）

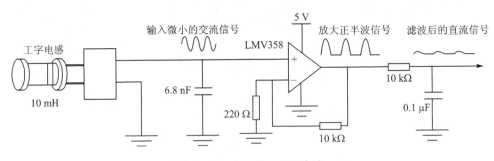

图 5-14 电磁信号处理电路

5.2.4 电磁信号的 ADC 采集

第 3 讲中讲过了 ADC 的采集与 OLED 的使用，下面就将 ADC 采集到的数据在 OLED 上显示出来。

① 首先进行 ADC 与 OLED 的初始化。将 BSP_Initializes() 函数中对应的函数解除注释就可以了。

```
void BSP_Initializes(void)
{
    JTAG_Set(JTAG_SWD_DISABLE);// =====关闭 JTAG 接口
    JTAG_Set(SWD_ENABLE);      // =====打开 SWD 接口,可以利用主板的 SWD 接口调试

    LED_Configuration();
```

```
    Buzzer_Configuration();
    Key_Configuration();
    OLED_Configuration();
    Motor_Configuration();
    TIM2_Config();
    TIM3_Mode_Config();
    Servo_Configuration();
    Sensor_Configuration();

    //OLED 显示欢迎画面
    Delay_ms(2000);
    OLED_DrawBMP(11,0,41,4,Picture1);
    OLED_show_word(50,0,62 ,3,Font1);
    OLED_show_word(62,0,74 ,3,Font2);
    OLED_show_word(74,0,86 ,3,Font3);
    OLED_show_word(86,0,98 ,3,Font4);
    OLED_show_word(98,0,110,3,Font5);
}
```

② 调用 OLED_ShowNum 函数,关于这个函数在第 3 讲中已经讲到了。g_ADC1_ConvertedValues 数组里存储了当前采集的 4 路 ADC 数据,这里将 4 个数据逐一显示出来。

```
int main(void)
{
    BSP_Initializes();

    while(1)
    {

        OLED_ShowString(0 ,4,"AD1:");
        OLED_ShowString(64,4,"AD2:");
        OLED_ShowString(0 ,6,"AD3:");
        OLED_ShowString(64,6,"AD4:");
        //显示 4 路 ADC 采集到的值,4 个值存储在 g_ADC1_ConvertedValues 中,使用了 DMA
        //将数据搬运至 g_ADC1_ConvertedValues 数组中
        OLED_ShowNum(32, 4,(u8)(g_ADC1_ConvertedValues[0]), 4,15);
        OLED_ShowNum(96, 4,(u8)(g_ADC1_ConvertedValues[1]), 4,15);
        OLED_ShowNum(32, 6,(u8)(g_ADC1_ConvertedValues[2]), 4,15);
        OLED_ShowNum(96, 6,(u8)(g_ADC1_ConvertedValues[3]), 4,15);
        //为避免过于频繁地刷新导致看不清楚,增加了延时
```

```
            Delay_ms(500);
    }
}
```

③ 程序编译通过后下载到单片机中,屏幕上就会出现 4 个数据了。

将传感器数据采集出来之后,其实就可以进行下一讲了,用控制算法让车跑起来。但是,这样未经处理的数据可能使车跑得不够理想。大家先耐着性子看完下面两节,加上这两个算法后传感器的数据马上就能改头换面了。

5.3　将传感器数据归一化

举个例子:当引导线电流为 100 mA 时,单片机采集到处于引导线正上方 1 号线圈的 AD 值为 500,这时假设程序根据这个 AD 值等于 500 来判定车模处于赛道中间位置,当在环境(电流值、线圈规格、温度等)不变的情况下,这样处理是没有问题的。当换一个赛道电流源时,由于两个电流源之间存在差异,同样设定为 100 mA,但是引导线的实际电流变为 110 mA。此时处于引导线正上方 1 号线圈的 AD 值变为 600,而在偏离赛道一定距离时 AD 值才为 500,而程序里还是通过 1 号线圈的 AD 值为 500 来判定车模处于中间位置,这时就出现了问题!

为了解决上述例子里的问题,这里引入归一化的思想。数据归一化的目的是将所有电感 AD 转化的结果归一化为一个同一的量纲,其值只与传感器的高度和小车的偏移位置有关,与电流的大小和传感器内部差异无关。

归一化包括传感器标定与数据归一化。传感器的标定就是获取传感器的转换结果的最值过程,主要是为数值归一化做准备,在单片机上电之后左右晃动车模,采集每个电感的最大值和最小值。

归一化公式为

$$\text{Value} = \frac{\text{AD} - \text{MIN}}{\text{MAX} - \text{MIN}} \times K \qquad (5-11)$$

式中:AD 为传感器实时采集的值;MAX 是标定时采集到的最大值;MIN 是标定时采集到的最小值;K 为归一后输出的最大值;Value 是经过归一化之后的,代表磁场强度的值。

还是上面的例子,设 1 号线圈在偏离赛道最大时 AD 值为 0,即 MIN=0;当处于电流为 100 mA 的引导线正上方时 AD 值为 500,即 MAX=500。设 K=100,则归一化后 Value1=$\frac{500-0}{500-0} \times 100 = 100$,当换电流源后 Value2=$\frac{600-0}{600-0} \times 100 = 100$。

这样程序里可以利用 1 号线圈的 AD 值为 100 来判定车模处于赛道中间位置,可以看出归一化后的值不受赛道电流的影响了!在外界环境变化时,只需采集最值就可以实现对赛道的适应。

下面给出归一化C代码:

```
for(i = 0;i<4;i++)
{
    sensor_to_one[i] = (float)(AD_valu[i] - min_v[i])/(float)(max_v[i] - min_v[i]);
    if(sensor_to_one[i]< = 0.0)
    sensor_to_one[i] = 0.001;
    if(sensor_to_one[i]>1.0)
    sensor_to_one[i] = 1.0;
    AD[i] = 100 * sensor_to_one[i];   //AD[i]归一化后的值为0~100
}
```

上面是对4个线圈AD值的归一。注意:max_v[i]和min_v[i]是在车模起跑前采集的。

调试中由于谐振电路电容与电感的差异导致四路传感器某几路信号过弱,当通过电位器调大对应路的放大倍数也没用时,使用归一化算法也可以有效实现某路AD值的对应比例放大。

5.4 电磁传感器对应的偏差计算方法

偏差计算是电磁车至关重要的一个步骤,想要车模沿着赛道中心线运行,首先要提取出车模与赛道的偏移量得到一个误差,然后将这个误差送给控制器处理,最后控制器输出信号控制舵机和电机来纠正车模的姿态和控制车子的速度。如果连控制器的输入都是错误的,那么怎么能让控制器给出正确的输出呢?

线圈布局如图5-15所示,设E_2与E_3中点垂直于通电导线的横向坐标为X,线圈支架距离引导线垂直高度$h=20$ cm。根据传统的E_2-E_3作差来确定偏差,如图5-16所示。

图5-15 线圈布局图

可以看到在(-10 cm,10 cm)区间内曲线是线性的,即一个偏差可以唯一确定一个X,在这个区间内作差法是可取的。但是,在此区间外由于E_2和E_3都下降,所以偏差也会下降,实际上偏差应该"增大"!因此,作差法计算得到的偏差量在一定范围内是可行的,一旦车模偏离中心线的距离超出这个范围,其偏差是不可取的,这也是作差法的最大弊端。

差除和算法对作差法进行了改进。用E_2-E_3的差除以它们的和,将所得的值

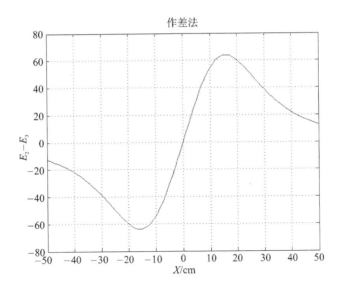

图 5-16 作差曲线

Error 来反映偏差量,即

$$\text{Error} = \frac{E_2 - E_3}{E_2 + E_3} \tag{5-12}$$

将所得偏差 Error 放大 100 倍,与作差法在同一坐标系中作图,如图 5-17 所示。发现与作差法相比,差除和曲线的线性区域范围有一定增加。超出线性区域时 |Error| 的下降趋势更趋于平缓,结果更能反映车模偏移量,但是仍然存在极值点 A_1 和 B_1,在极值点之外的 |Error| 仍会随着 |X| 的增大而减小,该算法也无法完整地描述整个偏移过程。

差除和算法之所以会出现极点,是因为当距离 X 大于其极值点时,分子的衰减速率大于分母的衰减速率,导致计算偏差呈现递减趋势。实际运用中采用降低分子衰减速度的方式,将差除和方法改进。具体步骤如下:

① 将电动势 E_2 和 E_3 进行开根号计算,得到 $\sqrt{E_2}$ 和 $\sqrt{E_3}$;

② 将 $\sqrt{E_2}$ 和 $\sqrt{E_3}$ 作差后,比上 E_2 与 E_3 的和,将最后得到的 Error 作为偏差,即

$$\text{Error} = \frac{\sqrt{E_2} - \sqrt{E_3}}{E_2 + E_3} \tag{5-13}$$

我们知道,当对一个函数做出开平方运算时,其变化速率会减小。将所得偏差 Error 放大 2 000 倍,与差除和方法在同一坐标系中作图,如图 5-18 所示。

从图 5-18 可以清楚地看到,开方差除和算法得到的偏差曲线是单调的,也就是说 |Error| 会随着 |X| 的增大而增大,它较好地描述了车模偏离赛道的整个过程。

但是,开方差除和算法由于需要做开平方运算,使用标准库函数里的 sqrt 函数

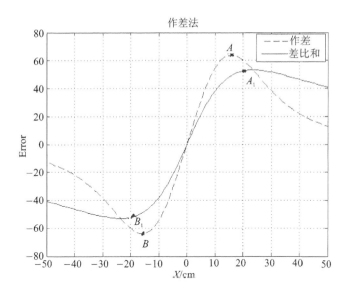

图 5-17 差除和与作差法比较

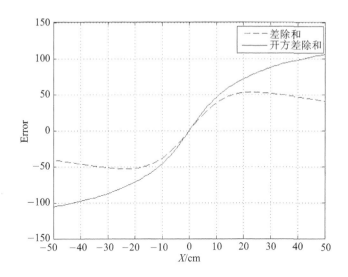

图 5-18 差除和方法的改进

执行效率低,降低了车子的动态响应能力,这是它的一个缺陷。

以上几种是电磁组偏差计算的常用的方法。读者可以在实践中摸索出更好的方法,配合稳定的控制器,一定可以让小车在赛道上飞驰!

第 6 讲

智能车控制算法

6.1 概 述

经过前 5 讲的铺垫,到这里同学们已经具有一定的基础了。大家应该已经掌握了电机、舵机的控制方法,ADC 采集 LC 谐振电路输出的方法。本节将讲解如何将各个零部件进行组合,实现智能车自动驾驶的效果。

图 6-1 所示是目前最常见的智能车系统的结构框图,从图中可以分析出小车在做这么几件事:

① 电池经过升压或降压模块,给其他各部分电路供电;
② 传感器获取了小车前方跑道的延伸趋势;
③ 信号处理电路将传感器的信号转化为单片机可读取、便于采集的信号;
④ 单片机根据前方道路的变化趋势,经过一定的运算,给出两路占空比恰当的 PWM,分别用来控制舵机和电机,目的是改变车速和车行驶的方向;
⑤ 编码器检测电机的转速(间接代表车轮转速)并回送给单片机。

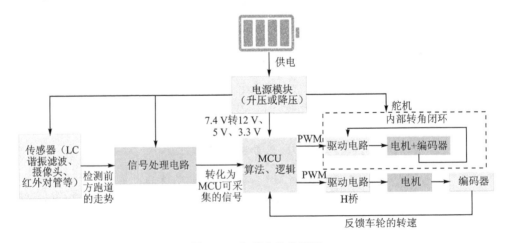

图 6-1 智能车结构框图

在以上所述的系统中,包含一个前馈控制和两个负反馈控制。前馈控制是传感器—MCU—执行机构(电机、舵机)这个链路,由传感器采集到跑道的变化趋势,单片机根据趋势,对小车接下来将要执行的动作进行预测,从而控制舵机、电机做出相应的调整。负反馈控制是舵机内部的转角闭环,由电机—编码器—MCU形成的循环。舵机内部的负反馈并不需要我们干预,电机的负反馈是需要在单片机中有一定的算法的。

对于后轮单独调速,前轮带舵机的小车,转向的控制方法可以分为以下3种:
① 电机不差速,舵机转向;
② 舵机保持前轮正直,后轮差速;
③ 舵机转向＋后轮差速。

第一种方法是新手的常用方法,上手快,入门简单,是新手的推荐方法。但是,使用这种方法时需要注意:当两个后轮是用两个电机分别驱动时,由于电机出厂时也会具有一定的误差(装配精度、齿轮啮合程度、润滑和磨损程度不同),使得给不同的电机相同占空比的PWM,其输出转速不一定相同,因此需要人为地做一些补偿,改变占空比,使快的电机慢一点,慢的电机快一点,达到合适的转速。

第二种方法是舵机不动,两个后轮通过差速转向。如果左轮转的比右轮块,则右转;反之则左转;两个电机转的一样快,则直行。这种方法其实更适用于没有舵机的场合,结合后轮的两个编码器,对每个电机实现单独的速度闭环,就可以精准地调节小车转向了。在智能车比赛中的两轮直立、三轮车都是靠这种方法转向的。

第三种方法是中规中矩的方法,既然前轮能转向,后轮带差速,那么索性全都用上。该方法的优点是能够得到很小的过弯半径,即使很急的弯也过得去,使得小车更加灵活;缺点是对新手不友好,新手常不知道如何同时控制前轮转向和后轮差速的关系,从而手忙脚乱,反而更加糟糕。从第三种方法中引出的高阶玩法,是对每一个后轮的转速进行单独闭环,然后将差速的程度与前方跑道的曲率、小车目前的速度进行融合。基本思想是,通过实验,找到合理的差速程度,保证差速过弯时,内、外侧的轮胎均不出现明显的滑动摩擦(不出现漂移或甩尾),而保持滚动摩擦。然后在这个基础上辅以前轮舵机的转向,就可以实现灵活的转向了。

电机的控制方式可以分为开环和闭环,开环控制即仅驱动电机旋转,并不采集电机的转速。如图6-2所示,闭环控制是将电机转速n_1采集回来,与给定的转速n进行比较,然后经过增量式PID运算,再将输出的值作为控制电机转速的占空比,形成一个负反馈系统。速度闭环需要一个周期固定的(如20 ms)定时器中断,在中断中进行PID运算和电机转速控制。因为固定的调节周期有助于参数的调整,若调节周期变化,则参数也需要变化。

如图6-3所示,闭环后,电机的机械特性发生了改变,当负载变化时(图中以电机的电流表示),转速的变化更加平缓,对抗负载变化,或者说保持给定转速的能力更强。当跑道的摩擦力发生变化时,依然能保持给定的转速;另一个好处是,闭环可以保障更迅猛的加减速,在很短的时间内达到给定的转速。

图 6-2 速度闭环

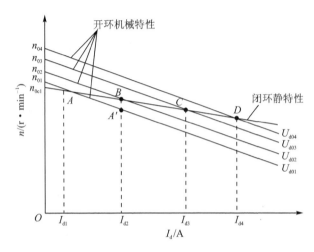

图 6-3 转速闭环与开环的区别

6.2 小车控制思想

  对小车实施自动循迹控制,简单地讲,就是一种各个击破的办法。通过传感器的检测和人的模糊判断,将被检测到的小车前方的道路进行分类,然后对于不同的弯道,给予不同的处理方法。这里利用了模式识别和模糊控制的思想。模式识别在这里是通过传感器返回的数据,能够区分出道路的不同类型。模糊控制,则是将人认为的"快""较快""一般快""慢""较慢""最低过弯速度"等模糊的概念进行数值化,可以通过实验加表格记录的方式来量化,后期存储于程序的数组中,根据不同的道路类型,施加不同的速度。

  决定小车舵机转向和驱动轮速度的判断依据是综合的,仅利用一种难以达到最优的效果。最合理的方式应该是综合小车前方的道路类型,小车当前已经具有的速度做出综合判断。比如,当接近急弯时应提前减速,速度太大时不能猛打方向,转向较猛时刹车不能过猛,而采用刹车—不刹车—刹车,这样循环的点刹车方式制动,否则猛刹车的同时猛打方向,很有可能出现车轮抱死,导致车辆失控出现侧滑。

顺便说一句,上述"刹车—不刹车—刹车"的循环控制方式,就是真实车辆的ABS(车轮防抱死系统)控制原理,装备 ABS 的汽车可有效降低刹车距离、提高车辆稳定性。对于一些未装备 ABS 的车辆,有经验的司机在紧急制动时会采取"点刹"的方式,其基本道理也是类似的。事实证明,在紧急制动时,滑移率在 20% 左右最好。通俗一点讲,就是当车轮 80% 处于滚动,20% 处于滑动时,汽车的刹车距离最短,稳定性也较好。反之,如果刹车轮胎抱死了,则不但刹车距离会变长,还会出现甩尾、侧滑等稳定性问题。

下面将对不同类型的跑道进行具体分析。

长而直的跑道最适合高速行进,应该释放出所有的能力尽快地跑,最好释放出"洪荒之力",但是要注意,不要在直道的尽头冲出跑道,因此要求小车具有良好的加、减速性能,能够在尽量短的时间内达到目标转速。

蜿蜒曲折的连续小 S 弯,应该尽量沿着弯的中线前进,避免车身连续地摆动,如图 6-4 所示。因此,要求小车具有较好的前瞻性,使用面阵摄像头、多排 LC 谐振电路等手段,均能实现这一效果。

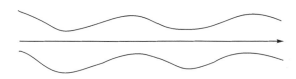

图 6-4 连续小 S 弯

弯道是较为复杂的情况,以下通过借鉴赛车的传统驾驶技术与现代驾驶技术展开探讨。要想取得良好的过弯性能,需要从以下几个点进行优化:刹车点、入弯点、弯心、下个弯道的位置和方向。每个弯道几乎都没有最完美的路线,而是取决于车辆的性能、过弯的策略和路面摩擦力,如果有双车或多车,则还要考虑其他车辆的反应(双车组),综合以上几点进行不断的优化,使其接近极限。

这里需要先熟悉几个概念。刹车点,即车辆开始刹车的点,保证在入弯前有较低的速度;入弯点,即车辆开始打舵调整方向的点;弯心,即 APEX。从几何上讲,如果将弯道想象成一个圆弧,那么弯心就是圆弧的中心位置无限靠近弯道护栏的地方,弯心的意义是,一旦到达这个点,车辆就可以开始加速并离开弯道了,这与驾驶新手们想象的车辆完全驶出弯道后再加速截然不同。在车辆驾驶技术的讲解中,有时弯心并不具有什么几何意义,而成为弯道加速开始点的代称。如图 6-5 所示的传统过弯轨迹,展示了以上描述的几个点,这种传统的过弯方式可以保证车辆达到最高的过弯平均速度。

大量的实验表明,传统的最高过弯平均速度的方式居然不是最快的过弯方式,原因是经过弯心后依然有较大的转角,无法尽快提升车速。如图 6-6 所示,是现代驾驶技术中的延迟过弯方式,将入弯点和弯心都进行了延迟,使用较大的入弯角度和较低的入弯速度,但出弯时的轨迹平缓,可以获取更高的出弯速度,这通常被视作赛车的最佳过弯策略。

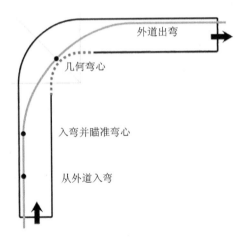

图 6-5 传统赛车的过弯轨迹

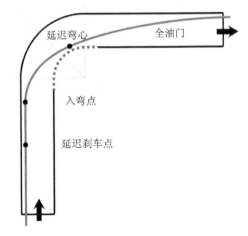

图 6-6 现代驾驶技术的过弯方式

如果想在以上的技术上更进一步,则需要了解另一种技术,即循迹刹车。简单来讲,就是在刹车点处降低刹车的程度,保持更高的入弯点速度,这种方式能够降低转向不足并帮助转向。与常规思维的"弯道速度越慢则跑得越稳"有一些违背了,这个理论告诉我们,合适的弯道速度是有助于转向的。如图 6-7 所示,是循迹刹车与传统刹车的对比,循迹刹车对 180°发卡弯最有效果。

图 6-8 所示是发卡弯的行驶策略示意图。发卡弯是指转向为 180°左右的弯道,对于这种情况,赛道的弯心一般在道路曲线的四分之三的位置。如果通过弯道的一半时,车辆大概在弯道的中心,则说明过弯正确。

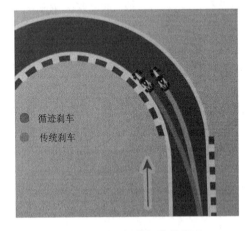

图 6-7 循迹刹车与传统刹车

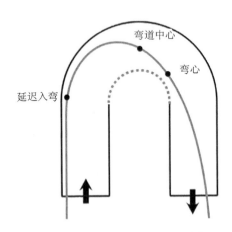

图 6-8 发卡弯的行驶策略示意图

下一个弯道的位置和方向也同样会影响路径的选择。举例来说,如果下一个弯道是左手弯,就需要尽快移动到跑道右侧,因为需要延迟弯心,收紧路线并降低车速入弯;但是,如果下一个是右手弯,则需要移动至赛道左侧,如图 6-9 所示。这种策略尤其适合具有大前瞻性摄像头的车辆。

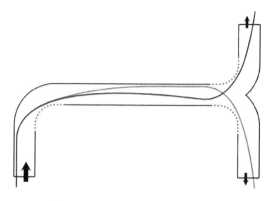

图 6-9 下一个弯道的影响

对于车辆过弯的一个误解是,在电子游戏中,我们经常妄图通过漂移实现快速过弯,而事实上在真实的赛道比赛中,漂移并不是最快的过弯方式。漂移的原理是让后轮打滑,失去抓地力,这样会使车辆进入失速状态,从而牺牲了出弯速度。所以,漂移只能算是观赏性比较强的过弯方式。因此,在调试小车时,必须尽量避免小车由于赛道有灰尘、轮胎偏硬、刹车过度等问题造成的车轮打滑。

另外需要注意的是,刹车过猛会导致车轮抱死,无法提供前进动力,从而导致车辆侧滑"飘"出跑道,因此可以使用临界刹车的技术,即刹车—轮胎即将抱死—松开刹车—重新刹车,反复地进行这个过程,类似汽车的 ABS 防抱死系统的执行过程。

你的小车刹车有多快?从 3 m/s 减速到 0.5 m/s 需要多长时间?车的重心有多高,会不会侧翻?赛道摩擦力如何,会不会侧滑?以上各项因素均会影响刹车点的选择。对于新手调试,提前刹车,在入弯点前将车速降低是一个明智的选择,循序渐进,缩短刹车距离并积累调试经验。

6.3 负反馈闭环控制系统

在学习 PID 控制之前,先给大家补充一下有关控制系统的知识。

反馈调节:在一个系统中,系统本身的工作效果,反过来又作为一种信息来调节该系统的工作,这种调节方式叫作反馈调节。根据反馈对输出产生影响的性质,可区分为正反馈和负反馈。若反馈的结果会促进反馈的条件,使体系始终向某一个方向偏移,那就是正反馈调节;相反,若反馈的结果会抑制反馈的条件,使体系稳定在一个平衡状态,那就是负反馈调节。对于控制系统而言,正反馈是不稳定的,如自激振荡;负反馈是稳定的,所以绝大多数反馈控制系统是负反馈系统。

开环控制:开环控制系统是指被控对象的输出(被控制量)对控制器(Controller)

的输入没有影响。在这种控制系统中,不依赖将被控量返送回来以形成任何闭环回路。

闭环控制:闭环控制系统(Closed-Loop Control System)是指被控对象的输出(被控制量)会反送回来影响控制器的输入,形成一个或多个闭环,避免系统偏离预定目标。

上面说了几个概念,我们再试着通俗地理解一下。比如驾驶一辆汽车行进时,想要保持 60 km/h 的速度,当看到车速高于 60 km/h 时,会适当减小油门,使车速下降;车速偏离目标速度越多,油门调节就越大。这样一个以误差作为控制依据的系统,就是负反馈调节。

如图 6-10 所示,$r(t)$ 是设定的一个值,拿上面的例子来说就是 60 km/h 的车速。$y(t)$ 是整个系统的最后输出,就是车实际的行驶速度。眼睛通过仪表盘得知当前的实际行驶速度,并与 60 km/h 作差,得到车速的偏差,就是 $e(t)$。通过车速偏差 $e(t)$,经过我们大脑的信息处理,得出一个油门要调节的程度,就是 $u(t)$,对油门调节后,车的行驶速度就是 $y(t)$。这样就形成了一个负反馈闭环的控制效果。

在越来越多的高档汽车中,装配有一种汽车电子装置,被称为 CCS(Cruise Control System),俗称"定速巡航系统",就是上述过程的一个自动实现。它以速度误差作为控制输入量,来保持车辆匀速行驶,在减轻驾驶员负担的同时,会优化车辆行驶状态,降低油耗。

单位阶跃信号:图 6-11 所示是一种特殊的连续时间信号,曲线从 0 跳变到 1 的过程,通常用单位阶跃信号作为输入信号来研究控制系统。一般来说,智能车突然遇到弯道、赛道偏差突然增大,或者需要突然地加速、减速,这些情况都可以近似地用单位阶跃信号来描述。

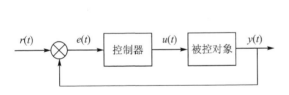

图 6-10 闭环控制结构框

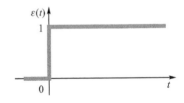

图 6-11 单位阶跃相应曲线

当向一个闭环控制系统输入一个单位阶跃信号时,由于闭环系统的作用,大致会出现如图 6-12 所示的调节曲线,系统的输出曲线从 0 开始上升,超过设定的目标值之后反向调节,最终会在设定值上下波动。比如设定智能车在直线赛道上行进,智能车的速度通过速度闭环的作用不断地在设定值上下调节,从而克服跑道摩擦力的变化,达到恒转速的效果。曲线最终会在设定值上下波动,故设定的目标值也叫作稳态值。衡量一个闭环控制系统的 3 个基本指标是稳定性、快速性和准确性,其中,稳定性是一个优良的闭环系统最基本的指标,快速性保证系统输出快速地达到稳态值,准确性保证系统精确地跟随设定值。

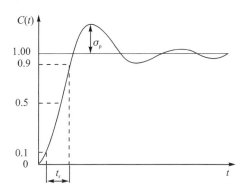

图 6-12　单位阶跃响应下闭环系统输出曲线

超调量 $\sigma_p\%$：超调量也叫最大偏差或过冲量，是指输出量的最大值减去稳态值，与稳态值之比的百分数。超调量越小系统的稳定性越高，调节越平稳。如图 6-12 所示，σ_p 与稳态值 1 的百分数就是这个控制曲线的超调量。

允许误差 ess：衡量系统准确性的指标，如图 6-12 所示，当系统的输出达到稳定时，输出曲线在稳态值上下浮动的范围叫作允许误差。

上升时间 t_r：影响系统快速性的指标。如图 6-12 所示，常定义为输出曲线从稳态值的 10% 上升到稳态值 90% 所需的时间。上升时间越短，系统输出的响应速度越快。

稳态误差：如图 6-12 所示，若设定值为 1.5，但系统的输出最终在 1.0 附近上下波动，始终无法达到设定的值，则系统具有稳态误差。通常在仅适用比例项的情况下易出现稳态误差，使用积分控制可消除该误差。

有了基本的控制理论的一些知识，理解 PID 控制就容易多了。

6.4　位置式与增量式 PID

PID 控制：在工程实际中，应用最为广泛的调节器控制规律为比例 P(Proportion)、积分 I(Integration)、微分 D(Differentiation)控制，简称 PID 控制，又称 PID 调节图 6-13 所示。PID 控制器作为最早实用化的控制器已有近百年历史，现在仍然是应用最广泛的工业控制器。PID 控制器简单易懂，使用中不需精确的系统模型等先决条件，因而成为应用最为广泛的控制器。

PID 控制器调节输出，是为了保证偏差值 $e(t)$ 为零，使系统达到一个预期稳定状态。这里的偏差 $e(t)$ 是给定值 $r(t)$ 和被控变量 $y(t)$ 的差(Error)：$e(t)=r(t)-y(t)$。

PID 在其算式的形式上，可分为位置式 PID 与增量式 PID。位置式 PID 是指控制输出结果直接控制被控对象，增量式是指输出结果为在原来输出上累加了一个增

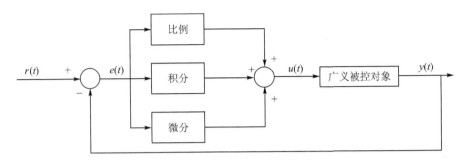

图 6-13　PID 控制结构框

量(增量可正可负)。

位置式 PID 公式：

$$u = K_p \left(e + \frac{1}{T_i} \int_0^t e \, dt \right) + T_d \frac{de}{dt} \tag{6-1}$$

式中：K_p 为比例项系数；T_i 为积分时间常数；T_d 为微分时间常数。

将 K_p 乘上各项，展开就得到了常用的位置式 PID 公式：

$$u = K_c e + K_i \int_0^t e \, drt + K_d \frac{de}{dt} \tag{6-2}$$

式中：K_c 为比例项系数；K_i 为积分项系数；K_d 为微分项系数。

上面给出的位置式 PID 公式为连续控制的，但在我们实际控制智能车的过程中是不可能做到连续控制的，首先舵机自身的控制周期就有 20 ms，其次传感器采集占用的是程序运行时间，也是有时间差的，所以我们控制小车其实都是每隔一段时间控制一次。这样上面的公式就无法直接使用了，需要使用离散化的位置式 PID 公式。

$$u(k) = K_c e(k) + K_i \sum_0^k e(i) + K_d [e(k) - e(k-1)] \tag{6-3}$$

离散化 PID 公式也叫作数字式 PID 公式，它将时间上连续上的控制转变为离散的时间点的控制，当采样周期足够短时，可以用求和来代替积分，用变化率代替微分。这样，整个积分项就是对偏差的累加，微分项就是偏差的变化量。若将 $k-1$ 代入上式的 k，则可以得到：

$$u(k-1) = K_c e(k-1) + K_i \sum_0^{k-1} e(i) + K_d [e(k-1) - e(k-2)] \tag{6-4}$$

用 $u(k-1)$ 减去 $u(k)$ 可以得到：

$$\Delta u(k) = K_c [e(k) - e(k-1)] + K_i e(k) + K_d [e(k) - 2e(k-1) + e(k-2)] \tag{6-5}$$

上面的公式就是增量式 PID 的公式，它的输出结果是在上一次控制结果基础上的一个增加的量，所以我们要输出最后的控制结果，需要累加上一次的控制结果：

$$u(k) = u(k-1) + \Delta u(k) \tag{6-6}$$

位置式 PID 的优缺点：

① 位置式 PID 直接控制被控对象的输出，控制效果直接，若控制系统出问题，直接会影响到输出，误动作影响较大；

② 位置式 PID 的积分环节可以减小系统的稳态误差，实现精准的控制效果，但由于是对历史偏差的累积，可能会出现积分累积过大失控的现象，一般会对积分环节进行防饱和处理。

增量式 PID 的优缺点：

① 增量式 PID 输出控制增量，没有直接控制系统的输出，能减小因控制出问题导致的误动作影响；

② 增量式 PID 输出的是控制量增量，在没有加上上一次控制结果前是没有积分作用的，适合于执行机构带积分部件的对象，如步进电机等。

总的来说，在响应的快速性上，位置式的 PID 控制优于增量式；在对系统稳定性的影响上，增量式优于位置式。

6.5 PID 的三个环节

比例控制：比例控制的输出与输入误差信号成比例关系。当仅有比例控制时系统输出存在稳态误差。偏差一旦产生，控制器立即调节输出，使被控量朝着减小偏差的方向变化。偏差减小的速度取决于比例系数，比例系数越大偏差减小越快，但很容易引起超调、振荡；比例系数减小，发生振荡的可能性减小，但调节速度变慢。

纯比例控制示例程序：

```
SensorDeviation = LeftSensorData - RightSensorData;    //取左右电磁传感器数据偏差
ServoValue = g_ServoCenterValue + SensorDeviation * g_Proportion;
                                //控制器输出等于舵机中值加上偏差乘比例项系数
Servo_Control( (u16)SensorValue );                     //控制舵机转向
```

通过上面简单的程序可以看出纯比例控制是一种最简单的闭环控制方式。比例控制 P 项系数的大小影响着系统响应的快速性和稳定性，比如调试智能车时将 P 项增大的话，由直道入弯道较顺利，但整个直道会出现左右晃动幅度变大的现象。减小 P 项能减小智能车在直道的晃动，但容易在弯道外侧冲出。

积分控制：在积分控制中，控制器的输出与输入误差信号的积分成正比关系。对一个自动控制系统，如果在进入稳态后存在稳态误差，则称这个控制系统是有稳态误差的或简称有差系统。为了消除稳态误差，在控制器中必须引入"积分项"。积分项的大小取决于误差在时间上的积分，随着时间的增加，积分项会增大。这样，即便误差很小，积分项也会随着时间的增加而加大，它推动控制器的输出增大使稳态误差进一步减小，直到等于零。但积分项增大会导致整个系统控制滞后，快速性变差。

比例加积分控制示例程序：

```
SensorDeviation = LeftSensorData - RightSensorData;   //取左右电磁传感器数据偏差
Integral + = SensorDeviation ;                         //对偏差进行累加,作为积分项
ServoValue = g_ServoCenterValue + SensorDeviation * g_Proportion + Integral * g_Integration;        //控制器输出等于舵机中值加上偏差乘比例项系数与积分项乘积分项系数
Servo_Control( (u16)SensorValue );                    //控制舵机转向
```

上面的程序中用到了 PI 控制,在智能车转向闭环控制中,可以对单独的直道添加积分项,让智能车在直道上跑得又直又稳,加速变快;但在弯道需要将积分项去掉,因为积分项会导致控制滞后,而在弯道需要转弯的及时性。在电机的速度控制中,我们需要控制速度的准确性,需要将积分项加入。在调试智能车过程中,积分项能使稳态误差减小,在调试积分项参数时,只要保证稳态误差控制在可以接受的程度即可,过大的积分项系数会导致智能车控制滞后,在赛道中央左右做缓慢的晃动。

实际系统中,执行元件的能力是有限度的,有时候需要经过较长时间才能使输出达到给定值。在这段较长的时间内,PID 算式中的积分量积累了过大的数值,以至于远远超出执行元件的极限能力,但执行元件只能以其极限运行,这就是积分饱和。当系统输出超过给定值后,偏差反向,但由于大的积分积累值,控制量需要相当一段时间脱离饱和区,输出并不能及时反向,因此引起系统产生大幅度超调,甚至系统不稳定。这种情况下,我们一般会使用积分限幅或者遇限削弱积分的方法。

积分限幅 PI 示例程序:

```
SensorDeviation = LeftSensorData - RightSensorData;   //取左右电磁传感器数据偏差
Integral + = SensorDeviation;                          //对偏差进行累加,作为积分项
//积分限幅
if(Integral > 500)Integral = 500;
if(Integral < -500)Integral = -500;
ServoValue = g_ServoCenterValue + SensorDeviation * g_Proportion + Integral *g_Integration;         //控制器输出等于舵机中值加上偏差乘比例项系数与积分项乘积分项系数
Servo_Control( (u16)SensorValue );                    //控制舵机转向
```

积分限幅方式是将积分项限制在一定的范围内,使积分项不至于累积过大。遇限削弱积分的方法是判断积分累积是否超出饱和点,若超出,根据偏差的正负与积分的正负来判断是否将相应偏差计入积分项。

微分控制:在微分控制中,控制器的输出与输入误差信号的微分(即误差的变化率)成正比关系,即它是根据偏差变化趋势产生控制作用,因而有"预先控制"的性质,俗称超前调节。微分作用的超前特性,可在误差出现之前就起到修正误差的作用,有利于提高输出响应的快速性。在闭环控制中,由于存在有较大惯性组件(环节)或有滞后(delay)组件,具有抑制误差的作用,其变化总是落后于误差的变化,容易产生超调,加入微分环节后能改善系统在调节过程中的动态特性,减小超调。

比例加微分控制示例程序:

```
SensorDeviation = LeftSensorData - RightSensorData;    //取左右电磁传感器数据偏差
Different = SensorDeviation - LastSensorDeviation;     //微分项等于这次偏差减去上次
                                                        //偏差,求出偏差的变化量
ServoValue = g_ServoCenterValue + SensorDeviation * g_Proportion + Different * g_Differential;
                                                        //控制器输出等于舵机中值加上偏差乘比例项系数与微分项乘微分项系数
LastSensorDeviation = SensorDeviation;                 //上一次偏差数据更新
Servo_Control((u16)SensorValue);                       //控制舵机转向
```

在智能车转向闭环控制中加入微分环节可以提高转向的快速性,并且可以减小 P 与 I 项带来的超调,使转向灵敏,过冲减小。增大微分项系数可以提高转向的快速性,但同时也提高了系统对噪声的放大能力,传感器数据的突变可能会对整个控制产生坏的影响,需要对传感器数据进行滤波处理。过大的微分项系数会导致高频振荡,反应在智能车上就是舵机在不停地抖动。

为了提高系统快速性和准确性,可以使用积分分离的 PID 控制,当偏差较小时采用 PID 控制,提高系统准确性;当偏差较大时采用 PD 控制,调高系统的快速性。

```
SensorDeviation = LeftSensorData - RightSensorData;    //取左右电磁传感器数据偏差
Different = SensorDeviation - LastSensorDeviation;     //微分项等于这次偏差减去上次
                                                        //偏差,求出偏差的变化量
if(SensorDeviation > 200)                              //偏差大于 200 采用 PD 控制
{
    Index = 0;
}
else                                                    //偏差小于 200 采用 PID 控制
{
    Index = 1;
    Integral += SensorDeviation ;                       //对偏差进行累加,作为积分项
}
ServoValue = g_ServoCenterValue + SensorDeviation * g_Proportion + Index * Integral * g_Integration + Different * g_Differential;
LastSensorDeviation = SensorDeviation;                  //上一次偏差数据更新
Servo_Control( (u16)SensorValue );                      //控制舵机转向
```

6.6　PID 参数的影响效果

下面给出的曲线均是在阶跃信号下的系统响应曲线。

(1) 纯比例项控制

单纯的比例系数控制可以基本实现闭环控制的效果,图 6-14 中给出了四条不同 K_p 系数下的系统输出随时间变化的曲线,图中的虚线是系统最终的稳定值,也就是设定值。当我们给出一个较小的 K_p 系数时,可以看到线的上升速度特别慢,也就是说明系统是反应缓慢的。当我们给出一个较大的 K_p 系数后,可以明显看出输出

值上升速度变快,达到稳定值的时间缩短。但增大 K_p 系数后曲线会出现一定的过冲现象,超调量增大,并且伴随着曲线的振荡。

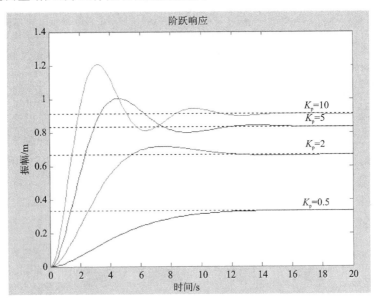

图 6-14　不同比例项系数下的系统输出曲线

(2) 在比例控制基础上加上微分控制

图 6-15 所示的 T_d 为微分时间常数,与微分项系数 K_d 成正比。图 6-15 是在

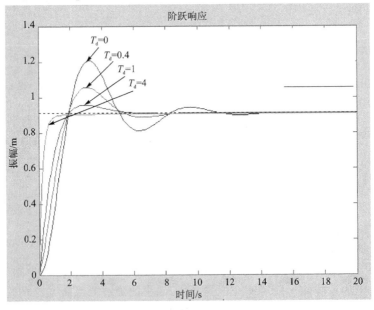

图 6-15　不同微分项系数下的系统输出曲线

$K_p=10$ 的基础上逐渐加大微分时间常数的效果图。可以看出，当 K_d 系数增大时曲线的过冲振荡现象会减弱，对比例项的振荡有抑制作用，同时曲线的上升速度也明显加快了，增快了系统的响应速度。同时，K_d 项过大会导致放大噪声，抗干扰能力变差。曲线里没有给出 K_d 系数过大的曲线，实际上过大的 K_d 项会引起曲线的高频振荡。

（3）在比例控制基础上加上积分控制

如图 6-16 所示，图中的 T_i 参数为积分时间常数，与积分项系数成反比。在积分系数较小时，曲线达到设定值的时间缓慢，当增大积分项系数时，曲线达到设定值的时间明显变短。继续增大积分项系数，曲线就会有明显的过冲现象，超调量增大。所以，积分项能消除稳态误差，增大积分参数能缩短系统消除稳态误差的时间，但积分参数过大会导致超调量增大，使系统的稳定性下降。

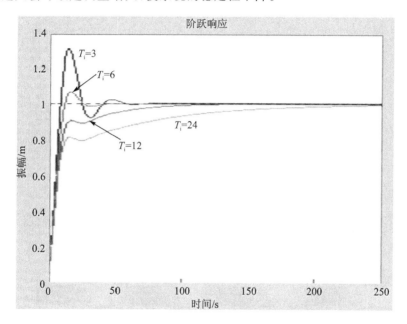

图 6-16 不同积分项系数下的系统输出曲线

6.7 分段 PID 系数

有的同学在使用一组 PID 参数去调试智能车时，通常会遇到这个问题：P 参数调大智能车在弯道能转过去，但在直道上就会左右摇摆；把 P 参数调小之后直道上不晃动了，但弯道又转不过去了。调来调去，始终找不到一组 PID 参数能正好兼容直道和弯道。其实，大家可能陷入了一个误区——一组 PID 参数就够用了。既然无法找到兼容直道弯道的一组参数，那为什么不能用几组参数分别来控制直道和各种弯道呢？其实，可以通过判断不同赛道类型的曲率来决定使用哪组参数。直道和小弯

P 参数和 D 参数减小,I 参数增大,到了弯道将 P 参数和 D 参数增大,I 参数减小,使舵机的转角速度加快。

同样,不同速度下的转向 PID 参数也应该是不一样的,速度快的时候 P 参数应该大一些,D 参数也应该大一些,使舵机的反应速度增快。但分的情况越多,调试各种参数就越复杂,这样普通的分段 PID 方式就有了一定的局限性。

6.8 模糊 PID 控制

模糊 PID 控制,即利用模糊逻辑并根据一定的模糊规则对 PID 的参数进行实时的优化,以克服传统 PID 参数无法实时调整 PID 参数的缺点。模糊 PID 控制包括模糊化、确定模糊规则、解模糊等组成部分。小车通过传感器采集赛道信息,确定当前距赛道中线的偏差 E 以及当前偏差和上次偏差的变化 EC,根据给定的模糊规则进行模糊推理,最后对模糊参数进行解模糊,输出 PID 控制参数(见图 6-17)。

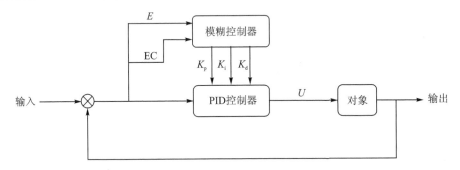

图 6-17 模糊 PID 控制结构框

设计模糊控制需要以下步骤(见图 6-18)。

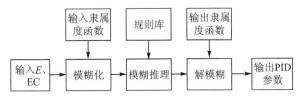

图 6-18 设计模糊控制步骤

(1) 模糊化

我们输入的偏差 E 与偏差变化量 EC 是精确量(数字量),而模糊控制算法需要模糊量,因此输入的精确量需要转换为模糊量,这个过程称为"模糊化"。隶属度是描述某个确定量隶属于某个模糊语言变量的程度。计算输入参数的隶属度就是模糊化的过程。具体方法如下:一般将 E 与 EC 的值的范围平均分为八个区间,将分段点表示为 NB,NM,NS,ZO,PS,PM,PB(可以理解为:N 为 negative,P 为 positive,B 为

big,M 为 middle,S 为 small,ZO 为 zero)。然后分别计算输入的 E 与 EC 的隶属度。

举个例子,假设电磁传感器左右电感偏差数值的区间为[-320,320],那可以分为 8 段:[-320,-240][-240,-160][-160,-80][-80,0][0,80][80,160][160,240][240,320],这样 NB=-240,NM=-160,NS=-80,ZO=0,PS=80,PM=160,PB=240。再假设 EC 的 NB=-30,NM=-20,NS=-10,ZO=0,PS=10,PM=20,PB=30。假设计算出的 E=100,EC=15,这样 E 在 PS 与 PM 之间,隶属于 PS 的百分比为(160-100)/(160-80)=3/4,隶属于 PM 的百分比为(100-80)/(160-80)=1/4。隶属度越大,离对应分段点的距离越近。同样可以计算出 EC 隶属于 PS 的百分比为(20-15)/(30-20)=1/2,隶属于 PM 的百分比为(15-10)/(30-20)=1/2。

(2) 模糊推理

计算出 E 与 EC 对应的隶属度之后,我们可以根据模糊规则表找出输出值所对应的隶属度(见表 6-1)。

表 6-1 比例项对应的模糊规则表

U		EC						
		NB	NM	NS	ZO	PS	PM	PB
E	NB	PB	PB	PB	PB	PM	ZO	ZO
	NM	PB	PB	PB	PM	PM	ZO	ZO
	NS	PB	PM	PM	PS	ZO	NS	NM
	ZO	PM	PM	PS	ZO	NS	NM	NM
	PS	PS	PS	ZO	NM	NM	NM	NB
	PM	ZO	ZO	ZO	NM	NB	NB	NB
	PB	ZO	NS	NB	NB	NB	NB	NB

根据模糊规则表,我们假设为 E 的两个隶属度值为 PM、PB,E 属于 PM 的隶属度为 $a(a<1)$,则属于 PB 的隶属度为 $(1-a)$。再假设 EC 的两个隶属度值为 NB、NM,EC 属于 NM 的隶属度为 b,则属于 NB 的隶属度为 $(1-b)$。之前我们假设 E 隶属于 PS 的百分比为 3/4,隶属于 PM 的百分比为 1/4,EC 隶属于 PS 的百分比为 1/2,隶属于 PM 的百分比为 1/2 是符合这个规则的。通过表可以看出,横坐标与纵坐标交叉点为输出的模糊值,当 E=PS,EC=PS 时输出 U 值为 NM,那当 E 隶属于 PS 的百分比为 3/4,EC 隶属于 PS 的百分比为 1/2 时输出的 U 值隶属于 NM 的百分比为(3/4)×(1/2)=3/8。同样可以计算出,E 隶属于 PM 与 EC 隶属于 PS 输出的 U 隶属于 NM 的百分比为 1/8,E 隶属于 PS 与 EC 隶属与 PM 输出的 U 隶属于 NB 的百分比为 3/8,E 隶属于 PM 与 EC 隶属与 PM 输出的 U 隶属于 NB 的百分比为 1/8。这样总输出 U=(3/8+1/8)×NM+(3/8+1/8)×NB。

(3) 解模糊

对于输出值,我们同样采用给予隶属度的方法。例如,我们把参数 K_p 的范围假设为 $[4,12]$,将区间同样划分为 8 部分,即 7 个隶属值 NB=5,NM=6,NS=7,ZO=8,PS=9,PM=10,PB=11。根据上一步所得出的结论,我们就可以用隶属度乘以相应的隶属值算出输出值的解,即 $U=(3/8+1/8)\times NM+(3/8+1/8)\times NB=5.5$。这样整个模糊 PID 控制的 K_p 项就完成了。同样地,可以利用 K_i、K_d 对应的模糊规则表进行相应推算。

6.9 三个实例

以下程序仅供同学们参考,参数需要自己调试(暂时没有给出根据跑道偏差计算速度给定值的方法,同学们可以自行由易入难进行编写)。

(1) 位置式 PD 转向闭环程序举例

```
float LeftSensorData,RightSensorData;
float SensorDeviation,SensorValue;
static float LastSensorDeviation;
//使用开方差除和的偏差计算方法
LeftSensorData  = sqrt( g_ADC1_Normalization[2] + g_ADC1_Normalization[3]);
RightSensorData = sqrt( g_ADC1_Normalization[0] + g_ADC1_Normalization[1]);
SensorDeviation = (LeftSensorData - RightSensorData) / (g_ADC1_Normalization[0] +
g_ADC1_Normalization[1] + g_ADC1_Normalization[2] + g_ADC1_Normalization[3]);
SensorDeviation = SensorDeviation * 10000;        //将偏差放大
SensorValue = g_ServoCenterValue + SensorDeviation *  g_Proportion + (SensorDevi-
ation - LastSensorDeviation) * g_Differential;    //舵机转向比例项控制
LastSensorDeviation = SensorDeviation;            //上一次偏差数据更新
Servo_Control((u16)SensorValue);                  //控制舵机
```

(2) 位置式 PI 速度闭环程序举例

```
SpeedError = ExpectSpeed - ActualSpeed;                    //求偏差
SpeedError_P = (int)(Speed_PID_Parameter.KP * SpeedError); //计算速度环P项偏差
SpeedError_I += Speed_PID_Parameter.KI * SpeedError;       //计算速度环I项偏差
//积分上限与积分下限,这里的限幅需要根据实际情况做调整
if(SpeedError_I > 500)
  {
     SpeedError_I = 500;
  }
else if(SpeedError_I <= -500)
  {
     SpeedError_I = -500;
```

```
            }
//计算速度环 D 项偏差
SpeedError_D = (int)(Speed_PID_Parameter.KD * (SpeedError - SpeedError_Last));
SpeedError_Last = SpeedError;                        //更新上一次偏差数据
SpeedOutput = SpeedError_P + SpeedError_I + SpeedError_D;   //求和
//限幅
if(SpeedOutput >= 999)
   {
     SpeedOutput = 999;
   }
else if(SpeedOutput <= -999)
   {
     SpeedOutput = -999;
   }
```

(3) 分段 PID 方式的转向闭环举例

```
float VariationDeviation,ABS_VariationDeviation,ABS_SensorDeviation;
VariationDeviation = SensorDeviation - LastSensorDeviation;   //计算偏差变化量
LastSensorDeviation = SensorDeviation;                        //上一次偏差更新
ABS_VariationDeviation = fabs(VariationDeviation);            //对偏差变化量取绝对值
ABS_SensorDeviation = fabs(SensorDeviation);                  //对偏差取绝对值

if(ABS_SensorDeviation >500 && ABS_VariationDeviation > 50)
{
    g_Proportion = -0.5,g_Differential = -0.05;
}
else if(ABS_SensorDeviation >300 && ABS_VariationDeviation > 30)
{
    g_Proportion = -0.3,g_Differential = -0.03;
}
else if(ABS_SensorDeviation >100 && ABS_VariationDeviation > 10)
{
    g_Proportion = -0.1,g_Integration = -0.01,g_Differential = -0.02;
}
Else if(ABS_SensorDeviation <= 100 && ABS_VariationDeviation <= 10)
{
    g_Proportion = -0.1,g_Integration = -0.02;
}
```

第 7 讲

智能车负反馈控制

7.1 概 述

在第 6 讲中讲到了智能车的闭环算法、控制原理,在这一讲中具体讲解一下电机怎样配合舵机实现差速转向。

大家在刚上手智能车时一般都会采用舵机闭环、电机开环的方式,让整个系统以一个最精简的控制来实现循迹。智能车可以循迹后需要提速,那么单纯的舵机闭环就无法满足提速后的转向及时性,所以转向控制就需要更复杂的算法,使用双路电机的辅助转向实现更优良的效果。之后 PID 参数的分段处理或者模糊控制,都是为了让小车控制更细化、更精确。

智能车行驶在弯道时内轮速度应减小,外轮速度应增大。内轮速度若大于对应转弯半径的速度,内轮就会滑转,使内轮胎变滚动为滑动,转弯半径增大;外轮电机转速达不到外轮需要的速度,会出现滑拖现象,车子拖着外轮走,转弯半径也会增大。所以,智能车前进时差速效果较弱时会直接导致转弯半径增大,转向效果变差。相反,若过弯时差速过强,智能车就会出现"甩尾漂移"的现象(见图 7-1),严重时会直接"调头"。虽然漂移过弯在一定程度上有利于过急弯,但漂移会损失速度,使过弯变慢。所以,要实现良好的过弯,就需要让后轮实现良好的差速,配合前轮转向。

在智能车竞赛中 A、B 车模采用单电机驱动后轮,C、D、E 车模采用双电机驱动。在单电机驱动的车模上,集成了专用的差速器。差速器的作用就是将单电机输出的一个速度分配到两个轮胎上,使车过弯时左右车轮以不同转速滚动,即保证两侧驱动车轮做纯滚动运动。差速器属于被动差速,当转弯时外侧轮有滑拖现象,内侧轮有滑转现象时,两个驱动齿轮此时就会产生两个方向相反的附加力。由于"最小能耗原理",这样必然导致两边车轮的转速不同,从而破坏了三者的平衡关系,并通过半轴反映到半轴齿轮上,迫使行星齿轮产生自转,使内侧半轴转速减慢,外侧半轴转速加快,从而实现两边车轮转速的差异。

全国大学生智能车竞赛所使用的智能车使用的是滚珠差速器,具有从动齿轮、滚珠、摩擦盘、左、右半轴。从动齿轮上的滚珠相当于行星齿轮,滚珠式差速器与行星齿轮式差速器工作原理基本相同(见图 7-2)。虽然差速效果不及行星轮差速器,但如

图 7-1 赛车过弯漂移

果调整得好的话,是足以满足车模需要的。动力传递顺序为:从动齿轮→滚珠→摩擦盘→左、右半轴。当智能车转弯时,从动盘上的滚珠发生自转,转动方向与外侧车轮旋转方向一致。

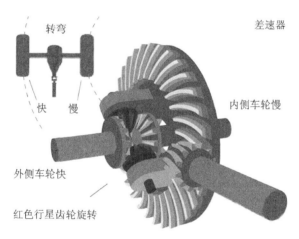

图 7-2 行星齿轮式差速器结构

当然,差速器一般在单电机驱动时才用到,当驱动电机为两个,例如直立车,每个电机控制一个车轮,根本就不需要差速器,通过控制左、右电机转速差就可实现差速。

机械差速虽然减小了双轮速度控制的难度,但一定程度上也限制了差速的能力。使用双电机差速时,我们可以自由调节转弯时双轮的速度比,比调整机械结构来调节差速更方便,对弯道和速度变化的适应能力更强。

这里给出一种电机差速大小的计算方法。我们可以对双电机智能车的结构进行一下简单的数学分析计算,分析怎样实现双电机后轮的差速。图 7-3 所示是车在过弯时的俯视示意图,在图中可以看出智能车转向时的角度关系。

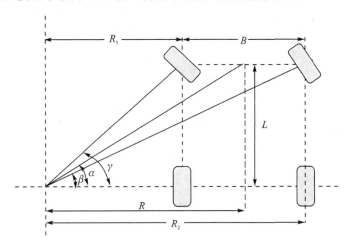

图 7-3 智能车转向时的结构

智能车在转向时由于后轮是在同一轴线上转动,故两轮的角速度相同,并且线速度与距离成正比。设两轮的平均速度为 V_{center} ,则满足下面的公式:

$$\frac{V_{left}}{R_1} = \frac{V_{right}}{R_2} = \frac{V_{center}}{R} \tag{7-1}$$

根据图 7-3 中的几何关系,可得

$$R_2 = R + \frac{B}{2} \tag{7-2}$$

$$R = \frac{L}{\tan \alpha} \tag{7-3}$$

$$R_1 = R - \frac{B}{2} \tag{7-4}$$

以上四式联立,可求出左右轮速度同平均速度的关系:

$$V_{right} = V_{center}\left(1 + B\frac{\tan \alpha}{2L}\right) \tag{7-5}$$

$$V_{left} = V_{center}\left(1 - B\frac{\tan \alpha}{2L}\right) \tag{7-6}$$

公式中的 α 角度,通过转向杯与连杆的传动,可以近似看作是舵机舵盘偏离中值的角度。在实际应用公式过程中,考虑到机械结构的误差,摩擦力的影响,最好两个公式分别乘上一个系数来微调。差速计算出来之后,就需要将两轮电机的实际速度控制到差速计算出来的速度,使两轮的速度按照差速公式来输出。

7.2 编码器介绍

控制车速,需要对电机进行闭环控制,那么首先就需要将速度采集出来。测速编码器,就是用来采集电机速度,并将速度信息转换成电信号的器件。

编码器根据输出信号的不同可分为模拟量编码器与数字编码器。模拟量编码器一般通过输出周期性的连续电信号来表示速度、位置或转角等信息。根据检测原理,编码器可分为光学式、磁式、感应式和电容式,根据其刻度方法及信号输出形式,可分为增量式、绝对式及混合式3种。以下针对几种常见编码器进行说明。

1. 增量式光电编码器

如图7-4所示,在一个圆盘上均匀分布有一定数量的透光缝隙,此透光缝隙称为光栅,整个圆盘称为码盘。光挡板上刻有A、B相两组与光电码盘上光栅相对应的透光缝隙。增量式光电脉冲编码器工作时,光电码盘随着工作轴旋转,但是光挡板保持不动。有光同时透过光电码盘和检测光栅时,电路中产生逻辑"1"信号,没有透光时产生逻辑"0"信号,从而产生了A、B两相的脉冲信号。由于检测光栅上的A、B相两个透光缝隙的宽度与光电码盘上光栅的宽度是一致的,并且这两组透光缝隙错开四分之一的缝隙宽度,从而使得最终输出的信号存在90°的相位差。在大多数情况下,如若直接由编码器的光电检测器件获取信号,信号的电平较低,波形也不规则,不能适应信号处理、控制和远距离传输的要求。所以,在编码器内还必须将此信号放大、整形。经过处理的输出信号近似于正弦波或者矩形波。由于矩形波输出信号易于进行数字处理,所以矩形信号输出在定位控制中得到广泛的应用。

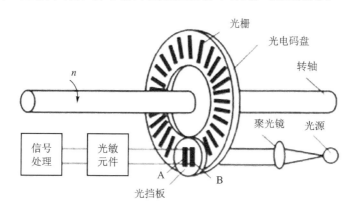

图7-4 增量式光电编码器测速原理图

正因为增量式光电编码器输出A、B两相互差90°电度角的脉冲信号(所谓的两组正交输出信号),从而可方便地判断出旋转方向。

正转和反转时AB两路脉冲的超前、滞后关系相反。如图7-5所示,在B相的上升沿,如果A相是高电平,则表明电机正转;在B相的上升沿,如果A相是低电平,则表明电机反转。增量式光电编码器中还有用作参考零位Z相的标志脉冲信号,每当光电码盘旋转一周,就会发出一个标志信号。Z相标志脉冲通常用作系统坐标的原点或清零信号,以减少测量的累积误差。

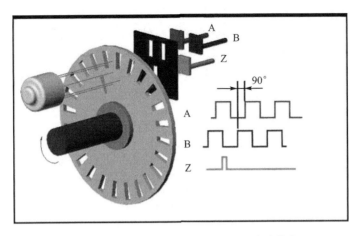

图 7-5 增量式光电编码器的 AB 相脉冲输出

2. 增量式霍尔编码器

增量式霍尔编码器(见图 7-6)采用霍尔效应,利用磁体旋转产生的变化磁场转化为变化的电场,整形成方波信号输出。增量式霍尔编码器测速原理如图 7-7 所示。使用两个霍尔元件模拟光挡板的位置,就可以输出正交的 AB 相方波信号。U-STM-F101 与 U-ADO-F101 智能车所用的编码器均为 AB 相增量式霍尔磁编码器,编码器线数为 13 线,减速电机减速比为 10,所以轮胎转一圈编码器会输出 130 个脉冲。

图 7-6 与电机集成的增量式霍尔编码器

图 7-7 增量式霍尔编码器测速原理图

3. 绝对式光电编码器

绝对式光电编码器光码盘上有许多道光通道刻线,沿径向的一圈刻线称为"码道",每圈码道依次由外向内以 2 线、4 线、8 线、16 线……这样编排,这样,在编码器的每一个位置,通过读取每道刻线的通、暗,可以获得一组从 2 的零次方到 2 的

$n-1$ 次方的唯一的二进制编码(格雷码),这就称为 n 位绝对编码器。绝对式编码器输出的信号是光电码盘的机械位置,它不受停电、干扰的影响(见图 7-8)。

显然,码道越多,分辨率就越高,对于一个具有 n 位二进制分辨率的编码器,其码盘必须有 n 条码道。图 7-9 所示为 4 位二进制分辨率的编码器码盘。注意该码盘是格雷码盘,不是普通的二进制码盘,相邻两个位置之间,只有一个码道是不同的,这有利于防止"非单值误差"。所谓非单值误差,在二进制码盘中存在,例如从"0111(十进制 7)"到"1000(十进制 8)",四个码道都有了变化,如果因为码盘制作的原因,其界限可能会有误差,则会出现从"0000"到"1111"的任意变化。而使用格雷码盘就不会出现这种现象,因为其位置变化顺序为 0000→0001→0011→0010→0110……依次变化,可以看出每一个相邻位置只有一个变化。格雷码盘不是没有误差,有误差也是"单值误差"。

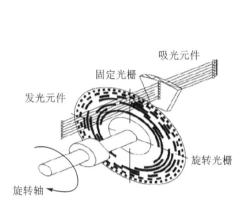

图 7-8 绝对式光电编码器测速原理图

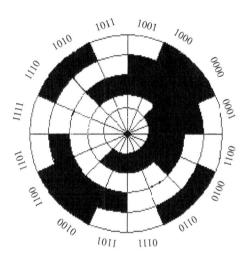

图 7-9 绝对式光电编码器码盘

4. 混合式绝对编码器

混合式绝对编码器,它输出两组信息,一组带有绝对位置的信息,另一组则完全同增量式编码器的输出信息。

7.3 STM32 的计数器

学习了编码器的相关知识,下面看一下 STM32 单片机是怎样识别编码器信号的。

我们所用的 STM32F103C8T6 芯片硬件集成 1 个高级定时器 TIM1 与 3 个通用定时器 TIM2、TIM3、TIM4。高级定时器 TIM1 能够产生 3 对 PWM 互补输出带死区控制的脉冲,常用于三相电机的驱动,时钟由 APB2 的输出产生。通用定时器只能产生 4 路 PWM,时钟由 APB1 输出产生。高级定时器与通用定时器都具有定时、输入脉冲捕获功能,并且输入捕获还具有正交解码功能。

STM32 定时器在前几讲中讲过了,现在学习一下定时器的输入脉冲计数功能,主要有输入捕获、PWM 输入与编码器模式 3 种。

1. 输入捕获

定时器的输入捕获功能通常用来测量输入脉冲的高电平持续时间。

它的基本工作过程就是先捕捉一次脉冲上升沿,然后计数器开始计时,等待着捕捉脉冲下降沿,等捕捉到下降沿的时候,计数器停止计数,计算计数器中的数值,这个数值就是高电平所持续的时间,然后再重新开始下一轮的捕捉。

打开配套的输入捕获与 PWM 输入综合实验例程,下载完程序后停留在调试界面,点击开始运行后可以在界面右侧的数据查看窗口中看到 CaptureValue 这个变量的值。这个变量就是使用 TIM3 的输入捕获模式测得的脉冲高电平时间,单位为微秒。转动右轮可以看到这个值的变化。当我们给 PWM2 幅值让右侧电机转起来时可以看到编码器脉冲高电平时间的数据,当电机转速增加时 CaptureValue 的值是减小的。

输入捕获模式的初始化如下程序所示。

```
void TIM2_InputCapture_Config(void)
{
    GPIO_InitTypeDef    GPIO_InitStructure;
    TIM_TimeBaseInitTypeDef  TIM_TimeBaseStructure;
    TIM_ICInitTypeDef    TIM2_ICInitStructure;
    TNVIC_InitTypeDef    NVIC_InitStructure;
/* - 引脚配置 - */
    RCC_APB2PeriphClockCmd(RCC_APB2Periph_GPIOA, ENABLE);    //使能 GPIOA 时钟
    GPIO_InitStructure.GPIO_Pin = GPIO_Pin_0;                //输入捕获引脚 PA0
    GPIO_InitStructure.GPIO_Mode = GPIO_Mode_IN_FLOATING;    //引脚浮空输入模式
    GPIO_Init(GPIOA, &GPIO_InitStructure);
/* - TIM2 计数器配置 - */
    RCC_APB1PeriphClockCmd(RCC_APB1Periph_TIM2, ENABLE);    //使能 TIM2 时钟
    TIM_DeInit(TIM2);
    TIM_TimeBaseStructure.TIM_Period = 0xFFFF;              //计数最大值
    TIM_TimeBaseStructure.TIM_Prescaler = 71;               //定时器时钟 72 分频
    TIM_TimeBaseStructure.TIM_ClockDivision = TIM_CKD_DIV1;
    TIM_TimeBaseStructure.TIM_CounterMode = TIM_CounterMode_Up;  //向上计数模式
    TIM_TimeBaseInit(TIM2, &TIM_TimeBaseStructure);
/* - TIM2 通道配置 - */
    TIM2_ICInitStructure.TIM_Channel = TIM_Channel_1;       //选择通道 1
    TIM2_ICInitStructure.TIM_ICPolarity = TIM_ICPolarity_Rising;  //上升沿触发
```

```
    TIM2_ICInitStructure.TIM_ICSelection = TIM_ICSelection_DirectTI;   //映射到 TT1 上
    TIM2_ICInitStructure.TIM_ICPrescaler = TIM_ICPSC_DIV1;              //配置输入分频,不分频
    TIM2_ICInitStructure.TIM_ICFilter = 0x00;                           //不使用滤波
    TIM_ICInit(TIM2, &TIM2_ICInitStructure);
/* - TIM2 中断配置 - */
    NVIC_InitStructure.NVIC_IRQChannel = TIM2_IRQn;                     //TIM2 发生中断
    NVIC_InitStructure.NVIC_IRQChannelPreemptionPriority = 0;           //抢占中断优先级
    NVIC_InitStructure.NVIC_IRQChannelSubPriority = 0;                  //响应中断优先级
    NVIC_InitStructure.NVIC_IRQChannelCmd = ENABLE;                     //使能中断通道
    NVIC_Init(&NVIC_InitStructure);
/* 相关使能 - */
    TIM_ITConfig(TIM2,TIM_IT_CC1,ENABLE);                               //使能各个中断
    TIM_Cmd(TIM2,ENABLE );                                              //使能定时器 TIM2
}
```

通过上面的初始化例程可以清晰地看出通用定时器的输入捕获设置主要是配置 GPIO、定时器计数、定时器通道、定时器中断四个部分。在配置 GPIO 时要注意将引脚配置成浮空输入的模式,其他方式可能导致输入信号的失真。在配置计数器时,需要注意分频系数的大小和输入信号的频率范围。我们设置的 TIM_Prescaler 预分频系数为 71,是将 72 MHz 的定时器时钟降到了 1 MHz 用来脉冲计数。所以计数器的最大计数值 TIM_Period 是 65 535,计数时间长度为 65 535 μs。由于我们的目的是测量脉冲一个周期内的高电平时间,所以被测量脉冲的高电平时间要小于 65 535 μs,大于 65 535 μs 需要更大的分频系数或者对输入脉冲也进行分频。若是被测量脉冲高电平时间过小时,就需要将时钟预分频系数降低,来保证测量的精度。

ClockDivision 为时钟分频因子,这个 TIM_ClockDivision 和 TIM_Prescaler 分频是不一样的,TIM_Prescaler 分频配置是对定时器时钟 TIMx_CLK 进行分频,分频后的时钟被输出到脉冲计数器 TIMx_CNT,而 TIM_ClockDivision 虽然也是对 TIMx_CLK 进行分频,但它分频后的时钟频率为 f_{DTS},是被输出到定时器的 ETRP 数字滤波器部分,会影响滤波器的采样频率。TIM_ClockDivision 可以被配置为 1 分频($f_{DTS}=f_{TIMxCLK}$)、2 分频和 4 分频,ETRP 数字滤波器的作用是对外部时钟 TIMxETR 进行滤波。这里配置的是 1 分频,所以 f_{DTS} 为 1 MHz。

TIM_ICFilter 是一个滤波系数,它的大小用来配置通道的采样频率与数字滤波器的计数值。采样频率大家应该不陌生,采样频率越高,对信号的采集精度就越高。而这个计数值 N,代表着 N 周期后产生比较输出。假设输入信号在最多 5 μs 周期内抖动,那我们可以配置滤波器的计数值长于 5 个定时器时钟周期,因此我们可以以定时器时钟频率连续采样 8 次,以确认在通道上产生一次真实的边沿变换。通过图 7 - 10 可以看到,IC1F 为 0011 时满足要求。当然,还可以用其他的搭配方式。

IC1F[3:0]:输入捕获1滤波器(Input capture 1 filter)

这几位定义了TI1输入的采样频率及数字滤波器长度。数字滤波器由一个事件计数器组成,它记录到N个事件后会产生一个输出的跳变。

0000: 无滤波器,以f_{DTS}采样   1000: 采样频率$f_{SAMPLING}=f_{DTS}/8$, $N=6$
0001: 采样频率$f_{SAMPLING}=f_{CK\_INT}$, $N=2$ 1001: 采样频率$f_{SAMPLING}=f_{DTS}/8$, $N=8$
0010: 采样频率$f_{SAMPLING}=f_{CK\_INT}$, $N=4$ 1010: 采样频率$f_{SAMPLING}=f_{DTS}/16$, $N=5$
0011: 采样频率$f_{SAMPLING}=f_{CK\_INT}$, $N=8$ 1011: 采样频率$f_{SAMPLING}=f_{DTS}/16$, $N=6$
0100: 采样频率$f_{SAMPLING}=f_{DTS}/2$, $N=6$ 1100: 采样频率$f_{SAMPLING}=f_{DTS}/16$, $N=8$
0101: 采样频率$f_{SAMPLING}=f_{DTS}/2$, $N=8$ 1101: 采样频率$f_{SAMPLING}=f_{DTS}/32$, $N=5$
0110: 采样频率$f_{SAMPLING}=f_{DTS}/4$, $N=6$ 1110: 采样频率$f_{SAMPLING}=f_{DTS}/32$, $N=6$
0111: 采样频率$f_{SAMPLING}=f_{DTS}/4$, $N=8$ 1111: 采样频率$f_{SAMPLING}=f_{DTS}/32$, $N=8$

注:在现在的芯片版本中,当ICxF[3:0]=1、2或3时,公式中的f_{DTS}由CK_INT替代。

图7-10 滤波器寄存器配置

定时器的中断配置要注意优先级的设置,为了测量精确度,需要高抢占与高响应优先级。

上升沿捕获并切换到下降沿捕获在定时器中断函数中进行,程序如下:

```
void TIM2_IRQHandler(void)
{
    if(TIM_GetITStatus(TIM2,TIM_IT_CC1)!=RESET)      //输入捕获中断触发
    {
        if(CaptureStatus == 1)                        //检测到高电平上升沿之后
        {
            CaptureStatus = 0;                        //捕获到下降沿后清空标志位
            CaptureValue = TIM_GetCounter(TIM2);      //读出计数
            TIM_OC1PolarityConfig(TIM2,TIM_ICPolarity_Rising);   //设置为上升沿捕获
        }
        else                                          //检测到高电平上升沿之前
        {
            TIM_SetCounter(TIM2,0);                   //清空计数器
            CaptureStatus = 1;                        //标记捕获到了上升沿
            TIM_OC1PolarityConfig(TIM2,TIM_ICPolarity_Falling);  //设置为下降沿捕获
        }
    }
    TIM_ClearITPendingBit(TIM2, TIM_IT_CC1);          //清除中断标志
}
```

定时器中断程序的思路是定时器初始化时为上升沿捕获,当检测到脉冲上升沿时清零计数值,开始对高电平计数,并将通道设置成下降沿捕获。当高电平结束,检测到下降沿时将计数值读出,并设置成上升沿计数,等待下次上升沿。若高电平时间

过长,计数器计数到最大值后就会清零重新计数,所以需要对输入脉冲高电平时间的最大值进行预估,将计数器或者通道的分频系数调整到最佳。

这里,用我们的智能车可以做一个小实验。找一根双母头的杜邦线,连接在舵机接口的 PWM 引脚与电机接口从左向右数第三个引脚上,这样我们就可以用输入捕获的方式测量输入舵机信号的高电平(见图 7-11)。

图 7-11　智能车输入捕获实验接线

如图 7-12 所示的调试界面,测量出的舵机高电平时间计数值为 1 500 μs,与设置的高电平时间相同。更改舵机的高电平时间变量 ServoPWM 的值,可以看到测出的高电平时间 CaptureValue 的值也会跟着变化。大家可以试一下将舵机 PWM 的高电平设置得更小些,可能会出现采集到的高电平数据不那么准了,这时就需要改变输入捕获部分的相应分频系数,使测得的高电平数据更精确。

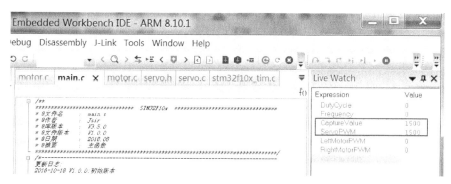

图 7-12　输入捕获实验程序调试界面

2. PWM 输入

① PWM 输入是输入捕获的一个特殊应用。与输入捕获不同的是 PWM 输入模式会将同一个输入信号(TI1 或 TI2)连接到两个捕获通道(IC1 和 IC2)(见图 7-13)。这两个捕获装置一个捕获上升沿一个捕获下降沿。

② PWM 输入模式可以用来测量方波的周期与占空比。在初始时刻,当检测到上升沿时,IC1 与 IC2 通道都会触发捕获上升沿,计数器复位并开始计数。当检测到高电平的下降沿时,IC2 通道触发捕获下降沿并读出计数器计数,将计数值保存在 IC2 捕获寄存器中。当再次检测到高电平上升沿时 IC1 通道触发捕获,计数器也终止计数,将计数值保存在 IC1 捕获寄存器中,这样一个波形的周期就可以读出来。通过计算高电平时间与波形周期的比值,就可以得出占空比。

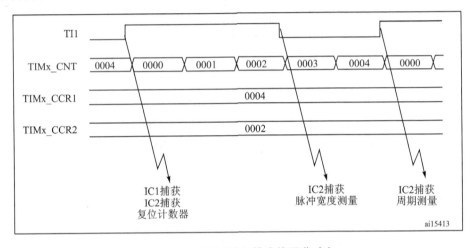

图 7-13 PWM 输入模式的通道时序

PWM 输入模式的初始化程序如下:

```
void TIM3_PWMinput_Config(void)
{
  GPIO_InitTypeDef GPIO_InitStructure;
  TIM_TimeBaseInitTypeDef  TIM_TimeBaseStructure;
  TIM_ICInitTypeDef TIM_ICInitStructure;
  NVIC_InitTypeDef NVIC_InitStructure;
  /* - 引脚配置 - */
  RCC_APB2PeriphClockCmd(RCC_APB2Periph_GPIOA,ENABLE);    //使能 GPIOA 时钟
  GPIO_InitStructure.GPIO_Pin= GPIO_Pin_7;                //输入捕获引脚 PA7
  GPIO_InitStructure.GPIO_Mode = GPIO_Mode_IN_FLOATING;   //引脚浮空输入模式
  GPIO_InitStructure.GPIO_Speed= GPIO_Speed_50MHz;
  GPIO_Init(GPIOA,&GPIO_InitStructure);
  /* - TIM3 计数器配置 - */
```

```
RCC_APB1PeriphClockCmd(RCC_APB1Periph_TIM3,ENABLE);           //使能 TIM3 时钟
TIM_TimeBaseStructure.TIM_Period = 0xFFFF;                    //计数最大值
TIM_TimeBaseStructure.TIM_Prescaler = 71;                     //定时器时钟72 分频
TIM_TimeBaseStructure.TIM_ClockDivision = 0;
TIM_TimeBaseStructure.TIM_CounterMode = TIM_CounterMode_Up;   //向上计数模式
TIM_TimeBaseInit(TIM3, &TIM_TimeBaseStructure);
/* - TIM3 通道配置 - */
TIM_ICInitStructure.TIM_Channel = TIM_Channel_2;              //选择通道 2
TIM_ICInitStructure.TIM_ICPolarity = TIM_ICPolarity_Rising;   //上升沿触发
TIM_ICInitStructure.TIM_ICSelection = TIM_ICSelection_DirectTI;  //映射到 TT2 上
TIM_ICInitStructure.TIM_ICPrescaler = TIM_ICPSC_DIV1;         //配置输入分频、不分频
TIM_ICInitStructure.TIM_ICFilter = 0x0;                       //不使用滤波
TIM_PWMIConfig(TIM3,&TIM_ICInitStructure);                    //根据参数配置 TIM 外设信息
TIM_SelectInputTrigger(TIM3,TIM_TS_TI2FP2);                   //选择 IC2 为始终触发源
TIM_SelectSlaveMode(TIM3,TIM_SlaveMode_Reset);                //从模式控制器被设置成复位模式
TIM_SelectMasterSlaveMode(TIM3,TIM_MasterSlaveMode_Enable);   //启动被动触发
/* - TIM3 中断配置 - */
NVIC_InitStructure.NVIC_IRQChannel = TIM3_IRQn;
NVIC_InitStructure.NVIC_IRQChannelPreemptionPriority = 1;
NVIC_InitStructure.NVIC_IRQChannelSubPriority = 1;
NVIC_InitStructure.NVIC_IRQChannelCmd = ENABLE;
NVIC_Init(&NVIC_InitStructure);
/* - 相关使能 - */
TIM_Cmd(TIM3,ENABLE);                                         //启动 TIM2
TIM_ITConfig(TIM3,TIM_IT_CC2, ENABLE);                        //打开中断
}
```

PWM 输入模式的初始化与捕获模式几乎相同,只是在通道设置上不一样。PWM 输入模式需要将定时器配置成 PWM 输入模式,即使用函数 TIM_PWMIConfig();此外,需要配置一个时钟触发源,这个触发源就是 PWM 信号输入的通道,这个触发源在上升沿时同时触发 IC1 与 IC2 两个通道,使计数器开始计数。

定时器一般是通过软件设置而启动,STM32 的每个定时器也可以通过外部信号触发而启动,还可以通过另外一个定时器的某一个条件被触发而启动。这里所谓某一个条件可以是定时到时、定时器超时、比较成功等许多条件。这种通过一个定时器触发另一个定时器的工作方式称为定时器的同步,发出触发信号的定时器工作于主模式,接受触发信号而启动的定时器工作于从模式。所以,接受来自通道的触发信号来启动计数,就称为从模式,而在触发信号后清空计数、复位定时器的模式,称为从模式中的复位模式。我们这里只讲解 PWM 输入模式,定时器的其他模式,这里不一一赘述了。启动被动触发后,定时器就可以接受来自通道的触发信号来计数了。需要注意的是,只有 IC1 与 IC2 连接到了从模式控制器,所以 PWM 输入模式只能使用

IC1 和 IC2 两个通道。

定时器中断中的程序如下：

```
void TIM3_IRQHandler(void)
{
  u16 IC2Value,IC1Value;
  TIM_ClearITPendingBit(TIM3,TIM_IT_CC2);    //清除 TIM 的中断待处理位
  IC2Value = TIM_GetCapture2(TIM3);   //读取 IC2 捕获寄存器的值,即 PWM 周期计数值
  IC1Value = TIM_GetCapture1(TIM3);   //读取 IC1 捕获寄存器的值,即 PWM 高电平计数值
  if (IC2Value != 0)
  {
    DutyCycle = (IC1Value * 100) / IC2Value;//读取 IC1 捕获寄存器的值,并计算占空比
    Frequency = 1000000 / IC2Value;          //计算 PWM 频率
  }
  else
  {
    DutyCycle = 0;
    Frequency = 0;
  }
}
```

这里我们也做一个实验,将输入捕获实验的杜邦线的一端连接到左电机第三个排针上,另一端连接到舵机 PWM 引脚上(见图 7-14),打开 PWM 输入实验例程并对智能车下载程序,进入调试界面。

图 7-14　智能车 PWM 输入实验接线图

从图 7-15 的调试模式界面中可以看到,PWM 输入模式测出的频率为 50,占空比为 7,而舵机信号正是 50 Hz 的频率。我们设置的舵机信号高电平为 1 500,周期为 20 000,所以此时舵机信号占空比为 7.5%,由于计算的问题无法显示小数位,所以占空比的测量也是正确的。

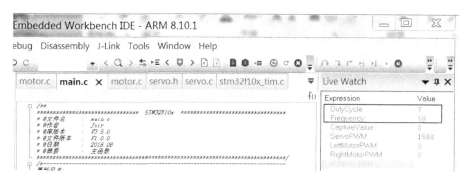

图 7-15　PWM 输入实验程序调试界面

3. 编码器模式

STM32 定时器的编码器模式是针对增量式正交编码器设置的一种模式,可以识别 A、B 两相信号的相位差,并且可以由相位差的正负对计数器进行向上计数或者向下计数的自动设置,如图 7-16 所示。整个过程在初始化完成后由硬件自动执行,我们只需要读出计数值即可,非常方便。

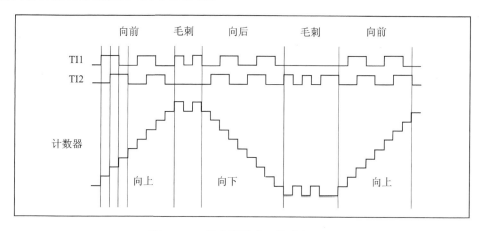

图 7-16　编码器模式下的计数规则

图 7-16 所示为编码器模式下 AB 相信号输入相应通道后计数器的工作过程,当输入 TI1 波形超前 TI2 波形 90°时,计数器向上计数,TI1 波形滞后 TI2 波形 90°时则计数器向下计数。而当某个接口产生了毛刺或抖动,则计数器计数不变,也就是说,该接口能够容许单通道出现的抖动。STM32 定时器的编码器模式初始化程序如下:

```c
void TIM2_Mode_Config(void)
{
    GPIO_InitTypeDef GPIO_InitStructure;
    TIM_TimeBaseInitTypeDef  TIM_TimeBaseStructure;
    TIM_ICInitTypeDef TIM_ICInitStructure;

    /*- 输入引脚配置 PA->0   PA->1 -*/
    RCC_APB2PeriphClockCmd(RCC_APB2Periph_GPIOA, ENABLE);    //使能 GPIOA 时钟
    GPIO_InitStructure.GPIO_Pin = GPIO_Pin_0 | GPIO_Pin_1;
    GPIO_InitStructure.GPIO_Mode = GPIO_Mode_IN_FLOATING;
    GPIO_InitStructure.GPIO_Speed = GPIO_Speed_50MHz;
    GPIO_Init(GPIOA, &GPIO_InitStructure);
    /*- 计数器配置 -*/
    RCC_APB1PeriphClockCmd(RCC_APB1Periph_TIM2, ENABLE);     //使能 TIM4 时钟
    TIM_TimeBaseStructure.TIM_Period = 0xffff;
    TIM_TimeBaseStructure.TIM_Prescaler = 0;
    TIM_TimeBaseStructure.TIM_ClockDivision = TIM_CKD_DIV1;
    TIM_TimeBaseStructure.TIM_CounterMode = TIM_CounterMode_Up;
    TIM_TimeBaseInit(TIM2, &TIM_TimeBaseStructure);
    /*- 通道配置 -*/
    TIM_EncoderInterfaceConfig(TIM2, TIM_EncoderMode_TI12, TIM_ICPolarity_Rising,
TIM_ICPolarity_Rising);                                      //配置编码器模式触发源和极性
    TIM_ICStructInit(&TIM_ICInitStructure);                  //使用默认参数给结构体成员赋值
    TIM_ICInit(TIM2, &TIM_ICInitStructure);
    /*- 相关使能 -*/
    TIM_ITConfig(TIM2, TIM_IT_Update, ENABLE);               //使能中断
    TIM_Cmd(TIM2, ENABLE);                                   //启动 TIM3 定时器
}
```

之前提到了编码器模式对脉冲上升沿或下降沿的识别与计数都是硬件自己完成的,所以在初始化时不需要进行定时器中断的初始化,所以整个初始化主要分为引脚初始化、计数器初始化、通道初始化 3 部分。引脚初始化和计数器初始化与之前是一样的,这里不再赘述,而通道初始化也只是加了 TIM_EncoderInterfaceConfig() 这个函数。这个函数的作用是配置编码器的模式和计数方式。

根据《STM32 手册》上编码器模式的说明,编码器模式有三种:TIM_EncoderMode_TI1、TIM_EncoderMode_TI2 与 TIM_EncoderMode_TI12,即仅在 TI1 上计数、仅在 TI2 上计数与在 TI1 和 TI2 上计数三种。而每种模式有两种计数方式:TIM_ICPolarity_Falling 与 TIM_ICPolarity_Rising,向上计数与向下计数。所以总共有 6 种组合计数方式,如表 7-1 所列。

表 7-1 编码器模式的六种组合计数方式

有效边沿	相对信号的电平 (TI1FP1 对应 TI2, TI2FP2 对应 TI1)	TI1FP1 信号		TI1FP2 信号	
		上升	下降	上升	下降
仅在 TI1 上计数	高	向下计数	向上计数	不计数	不计数
	低	向上计数	向下计数	不计数	不计数
仅在 TI2 上计数	高	不计数	不计数	向上计数	向下计数
	低	不计数	不计数	向下计数	向上计数
在 TI2 和 TI2 上计数	高	向下计数	向上计数	向上计数	向下计数
	低	向上计数	向下计数	向下计数	向上计数

当我们的有效边沿选择使用在 TI1 和 TI2 上计数时,可以同时检测 AB 相脉冲的上升沿与下降沿,如图 7-17 所示的方框内。这样当 AB 相各有一个高电平输入通道时计数了 4 个值,相当于增加了测速精度。计数方式的改变影响着最后输出数据的变化方向。

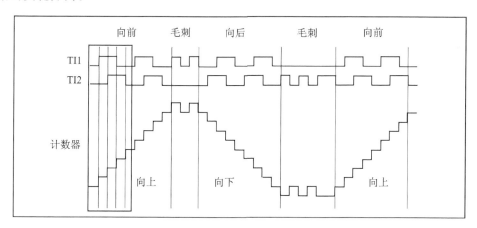

图 7-17 编码器模式下的计数规则

读取计数值可以直接用函数 TIM_GetCounter()读取,也可以用读寄存器的方式:TIMx→CNT。实际上函数 TIM_GetCounter()内部就是使用的读寄存器的方式,大家可以找到函数定义处看一下。不过要注意的是读出的值为一个 16 位的无符号整型数据,但是编码器模式下将速度的正反符号位放在了这个 16 位数据的最高位上,所以需要将方向信息解读出来。读编码器数据的函数程序如下:

```
Count = TIM_GetCounter(TIM3);
TIM_SetCounter(TIM3,0);
    if(Count < 32767)           //辨别方向
    {
```

```
        Speed = Count;
    }
    else
    {
        Speed = Count - 65535;
    }
}
```

这里只截取一部分主要程序。TIM_GetCounter()读出计数值,TIM_SetCounter()函数设置计数值,这里我们用来清零计数。当计数值大于 32 767 时,计数值的最高位为 1,即速度方向开始反向,反向计数是从 65 535 向下计数,所以我们使用计数值减去 65 535 就可以得到有符号的反向速度值。需要注意的是计数值的读取是建立在间隔时间恒定的情况下的,所以需要将读取函数放置在恒定周期执行的函数中,比如定时器中断。

编码器实验比较简单,大家下载完程序后打开电源,转动电机就可以在调试界面的数据查看窗口中看到测到的电机转速。

由编码器计数值来计算智能车实际速度的公式如下:

$$V = \frac{N \times \pi \times D}{4 \times T \times M} \tag{7-7}$$

式中:N 为编码器计数值;D 为轮胎外围直径;T 为每次读取计数值的间隔时间;系数 4 为编码器模式下在 TI1 和 TI2 上计数相当于测速精度提高了 4 倍;M 为编码器等效线数,我们所用的智能车编码器线数为 130。

7.4 闭环调速

闭环调速是整个电机差速控制系统中执行的部分,前面讲了速度的采集、差速的计算,下面要讲的闭环调速可让电机按照我们计算的两轮速度去运行。PID 算法作为应用最广泛的闭环控制算法,具有原理简单、易于实现、参数易整定等特点,这里同样使用 PID 算法进行闭环调速。

下面我们提供位置式与增量式两种 PID 调试程序与调试方法供大家参考,由于调试环境与调试思路等不同,所以程序写法与调试方法并不唯一。

1. 位置式速度环 PID

位置式 PID 的公式:

$$u(k) = K_c e(k) + K_i \sum_{0}^{k} e(i) + K_d [e(k) - e(k-1)] \tag{7-8}$$

根据位置式 PID 写出的程序如下:

```
int Opsitional_PID(float ActualSpeed,float TargetSpeed)
{
```

```c
    int MotorPWM;
    static float LastSpeedDeviation = 0,Opsitional_I = 0;
    float SpeedDeviation;
    SpeedDeviation = TargetSpeed - ActualSpeed;
    //计算速度环I项偏差
    Opsitional_I += (int)(LeftPosSpeedPID.Ki * SpeedDeviation);
    //积分上限与积分下限,这里的限幅需要根据实际情况做调整
    if(Opsitional_I > INTEGRAL_LIMIT)
    {
      Opsitional_I = INTEGRAL_LIMIT;
    }
    else if(Opsitional_I <= - INTEGRAL_LIMIT)
    {
      Opsitional_I = - INTEGRAL_LIMIT;
    }
    MotorPWM = (int)(LeftPosSpeedPID.Kp * SpeedDeviation + Opsitional_I + LeftPosSpeedPID.Kd * (SpeedDeviation - LastSpeedDeviation));
    LastSpeedDeviation = SpeedDeviation;
    //限幅
    if(MotorPWM >= 999)
    {
      MotorPWM = 999;
    }
    else if(MotorPWM <= -999)
    {
      MotorPWM = -999;
    }
    return MotorPWM;
}
```

下面让我们进行位置式 PID 电机闭环参数调试的实验。在下面的实验中使用上位机进行速度响应曲线的显示。这里使用的上位机是网页上搜索到的,这里先感谢一下作者的共享精神。相应数据发送程序已在位置式 PID 电机调速例程中写好,连接好蓝牙串口模块后使程序运行,就可以看到数据曲线(见图 7-18)。

这里可以使用蓝牙串口模块,或者 USB 转串口模块进行数据的传输,如图 7-19 所示,但一定要注意接线顺序。

在程序调试界面,我们可以更改设定速度、PID 三个参数、积分最大限幅等参数,使调速系统的输出响应达到最佳。在这里我们模拟上一讲说的单位阶跃响应,对设定速度进行突变,然后观察系统速度的跟随情况。要模拟阶跃式响应,可以先将设定速度改为 0,将其他参数信息改好后再改过来,这样相当于设定速度突变,可以达到阶跃响应的效果(图 7-20)。

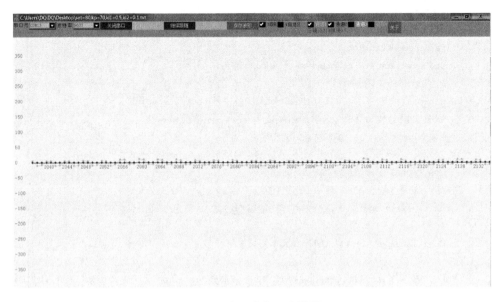

图 7-18 串口虚拟示波器界面

图 7-19 蓝牙串口模块的连接图

在赛道上边跑车边修改参数的方式调整电机闭环是比较麻烦的,且靠人眼观察速度变化也不够精确。在桌面进行电机闭环调速实验比较方便,可以将车体架起来让轮胎悬空,直接用下载器连接主板进行程序调试。但是空载情况下调试的参数是无法适用于赛道上的情况,电机在闭环调试时最好加上一定的负载进行调试。在这里提供一个方案,可以在赛道运行时测出恒定 PWM 下电机的转速,然后将车平放在桌面,并将后轮翘起离桌面一个高度,在轮胎下面放置一块耐摩擦的海绵,并粘在桌

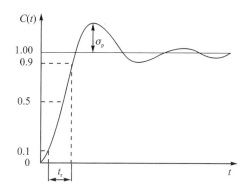

图 7-20　单位阶跃响应下的输出曲线

面上,调整后轮翘起的高度,使后轮轮胎转动时摩擦海绵。这样调试轮胎高度,使恒定 PWM 下电机转速与在赛道上测出的转速一致,就可以在桌面大致代替在赛道上动态行驶的情况了。当然在赛道上直接调试是最好的,不过参数改动比较麻烦,甚至需要单独写上位机程序,不过下一讲是讲解如何自己写上位机,大家可以试一下编写自己的上位机。在桌面调试可以利用 IAR 的调试界面在线调试,比较简单方便(见图 7-21)。

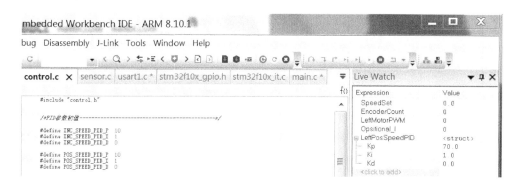

图 7-21　位置式速度闭环例程的 IAR 在线调试界面

调试位置式 PID 参数时需要采用控制变量的方法,遵循先 P 后 I 的原则,如图 7-22 所示。

黑色线为设定速度,灰色线为实际速度,对比四幅图可以看出,参数 P 在增大时,实际速度是越来越接近设定值的,当 P 参数过大时,就会出现第四幅图的现象,曲线开始振荡。

通过上面四幅图对比,可以看出当 $K_p=70$ 时实际速度曲线最接近设定速度的曲线,但实际速度与设定速度之间仍然存在稳态误差。接下来我们固定 K_p 值,加入积分分项的调整,消除稳态误差。固定 K_p 值,调整 K_i 值,如图 7-23 所示。可以看出,当 K_i 增大时,实际速度曲线会更加接近设定速度曲线,最终在设定速度上下波动,但超调现象也会越来越明显。对比四幅图可以看出,当 $K_p=70, K_i=1$ 时曲线最终在设定速度上下波动,且波动幅度最小,超调量也不是非常大。接下来需要固定 K_p, K_i,加入 K_d 值,利用 K_d 的阻尼特性,消除超调。

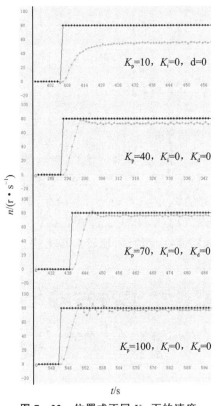

图 7-22 位置式不同 K_p 下的速度阶跃响应曲线

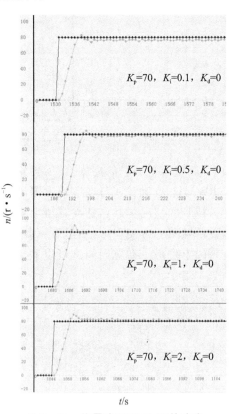

图 7-23 位置式不同 K_i 下的速度阶跃响应曲线

调整 K_d 后速度曲线如图 7-24 所示。可以明显看出,随着 K_d 的增大,实际速度的曲线超调量越来越小,最终消除。但是微分项不可过大,过大会导致速度闭环抗干扰性变差,实际速度无法稳定,在设定速度上下微小变动。

确定一个闭环控制系统的三个基本指标是稳定性、快速性和准确性,在上面的实验中就是遵循用这三个指标将速度的响应调好。在实验中调到第三步确定 D 项后 PID 参数的调试算是基本完成了,不过实际上曲线还是可以再优化的,在有微分项的阻尼作用后还可以增加一下比例项系数,使曲线响应更快速。当然,按照这三步调试过来曲线的响应效果已经达到可以接受的范围了,大家可以根据自己实际情况去优化。

2. 增量式速度环 PID

增量式 PID 的公式如下:

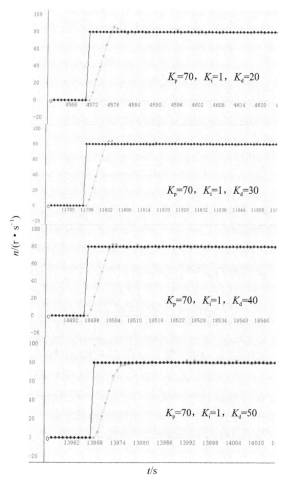

图 7-24 位置式不同 K_d 下的速度阶跃响应曲线

$$\Delta u(k) = K_c[e(k) - e(k-1)] + K_i e(k) + K_d[e(k) - 2e(k-1) + e(k-2)] \tag{7-9}$$

利用公式得出的程序如下：

```
int Incremental_PID(float ActualSpeed,float TargetSpeed)
{
    static float SpeedDeviation,d;
    static float LastSpeedDeviation = 0,BeforeLastSpeedDeviation = 0,MotorPWM = 0;

    SpeedDeviation = TargetSpeed - ActualSpeed;
    Differential = SpeedDeviation - 2 * LastSpeedDeviation + BeforeLastSpeedDeviation;
    MotorPWM += LeftIncSpeedPID.Kp * (SpeedDeviation - LastSpeedDeviation) + Left-
```

```
IncSpeedPID.Ki * SpeedDeviation + LeftIncSpeedPID.Kd * Differential;
    BeforeLastSpeedDeviation = LastSpeedDeviation;
   LastSpeedDeviation = SpeedDeviation;
//限幅
   if(MotorPWM >= 999)
   {
     MotorPWM = 999;
   }
   else if(MotorPWM <= -999)
   {
     MotorPWM = -999;
   }
   return (int)(MotorPWM);
}
```

笔者经过大量调试实验后发现先调试增量式的 I 项比较容易,且发现 D 项的作用不是很大,所以这里我们给出的电机增量式闭环调速实验的调试步骤是先 I 后 P,大家可以尝试一下先 P 后 I 与调试 D 项会出现什么情况,也欢迎大家与我们联系交流,共同进步。

控制 K_p 与 K_d 为 0,使 K_i 由小变大,从图 7-25 中可以看出随着 K_i 系数的变大,速度达到设定的时间越来越短,但同时超调现象也越来越严重。由于增量式 PID 运用在直流电机上时是累加输出的过程,所以速度响应的快速性是不如位置式的,但系统的稳定性比较好,且抗干扰性较好,系统容错性也较高。选择 K_i 时为了尽量提高系统的快速响应能力,可以选择超调较大的响应曲线下的系数,使用增量式 PID 的 P 项进行消除超调。

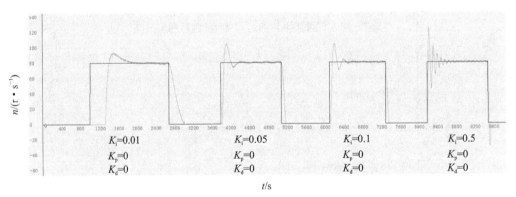

图 7-25 增量式不同 K_i 下的速度阶跃响应曲线

选择 K_i 后逐步增加 K_p 系数,通过图 7-26 可以看到超调量逐步降低。

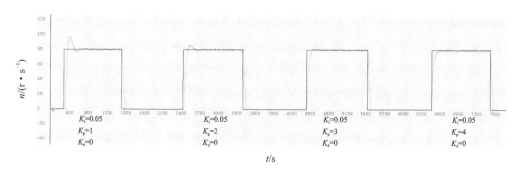

图 7-26 增量式不同 K_p 下的速度阶跃响应曲线

7.5 分段调速

不管是位置式还是增量式速度闭环,对于恒速控制来讲,一组 PID 参数是足够的,但当我们用在差速控制上时,由于不同转角带来的双轮电机变速,显然一组 PID 参数是不够用的。上一讲中说到了转向控制中需要对不同的转向偏差进行系数分段,这里同样也需要如此。速度闭环分段方式也有很多种,最简单的方式是根据设定速度来分段。

分段后 PID 的系数根据差速后不同的设定速度来变化,不同设定速度的区间内使用同一组参数,这样参数随设定速度是阶梯状的分布,如图 7-27 所示。但是这样的分布效果在分段较少时容易在分段点处形成较大的输出突变,引起速度的突变。这对于控制来说是不利的,相当于一个速度的扰动信号。这里给出一种解决方法,可以采用将阶梯化的系数分布转换成折线式的系数分布,这样可以减小因系数突变引起的输出突变。

将系数转换为折线分布是一个纯数学的过程。首先根据两个段点求出折线的斜率,然后就可以计算出每一个速度值所对应的参数。程序如下。

```
float ParamDivide(u8 point,float DividePoint[],float ParamPoint[], float input)
{
  u8 i;
  float output,param;

  if(input >= 0)
  {
    for(i=0;i<(point-1);i++)
    {
      if(input >= DividePoint[i] && input <= DividePoint[i+1])
      {
        param = (ParamPoint[i+1] - ParamPoint[i]) / (DividePoint[i+1] - DividePoint[i]);
```

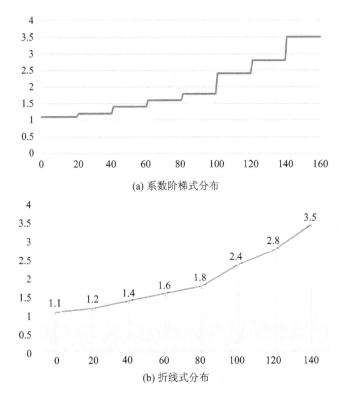

图 7-27 系数阶梯式分布与折线式分布

```
        output = (input - DividePoint[i]) * param + ParamPoint[i];
      }
    }
  }
  else
  {
    for(i = 0;i<(point-1);i++)
    {
      if(input <= DividePoint[i] && input >= DividePoint[i+1])
      {
        param = (ParamPoint[i+1] - ParamPoint[i]) / (DividePoint[i+1] - DividePoint[i]);
        output = (input - DividePoint[i]) * param + ParamPoint[i];
      }
    }
  }
  return output;
}
```

第 8 讲

基于 C♯ 的软件编写

8.1 概 述

这一讲将带领大家学习计算机软件编程,针对 Windows 操作系统,使用 C♯ 语言,自己动手编写一些常用的小软件。本教程的讲解方法会直接颠覆市面上所有的 C♯ 入门教程,因为市面上的教程往往采用"循序渐进"的讲解方法,从 C♯ 语言介绍、语法、编译工具一条一条地介绍,往往很少有人能够有耐心读完,常常会遇到"XX 语言由入门到放弃"这样的情况。因此,我们决定采用一种"长驱直入"的讲法,直接向大家展示如何编写一些简单的小软件,激发大家的学习兴趣,然后在兴趣的引导下,再进行知识的查漏补缺。

本书并不讲解语法,并假设读者已学习过 C 语言课程。首先请通过网络搜索的方式安装一下 Visual Studio 2010(更高的版本也可以),这里并没有推荐该软件的最新版,因为最新版有绝大多数的新功能是普通学习者用不到的,而且最新版对计算机性能的要求更高。

8.2 智能车与上位机

对于一个自动化控制系统,比如锅炉、送料带、智能车等。我们通常会区分出"下位机"和"上位机"。上位机是指人可以直接发出操控命令的计算机,一般是 PC,屏幕上显示各种信号变化(液压、水位、温度等)。下位机是直接控制设备获取设备状况的计算机,一般是 PLC/单片机之类的设备。

以智能车为例,小车的单片机运行着各种各样算法,是下位机,如果我们想在小车运行中,让我们手头的笔记本电脑显示小车运行中的转角、车速、采集到的信号和图像,那我们的笔记本电脑就可以称之为上位机,笔记本电脑中运行的程序则称之为上位机软件。也就是说,上位机软件可以让人直观地看到智能车运行中的各项参数,并实时地下发控制指令(通常需要借助无线通信,如蓝牙、WIFI)。这样极大地方便了调试工作,让原来的"玄学调参",变得有理有据;而且能看到数据,使调车的工作从感性变成了理性。如图 8-1 所示,是作者在本科阶段参赛时为自己的摄像头小车编写的调试用上位机软件。

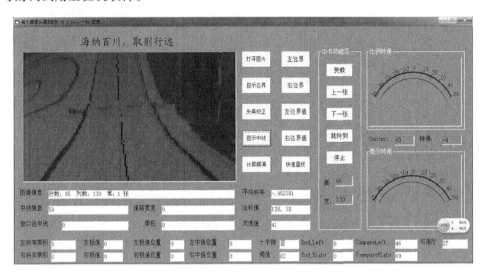

图 8-1　智能车上位机

8.3　C#入门

　　C#语言是微软.NET框架中新一代的开发工具。C#语言是一种现代的、面向对象的语言，它简化了C++语言在类、命名空间、方法重载和异常处理等方面的操作，摒弃了C++的复杂性，更易使用，更少出错。它使用组件编程，和VB一样容易使用。C#语法与C++和Java语法非常相似，如果读者用过C++和Java，学习C#语言应是比较轻松的。

　　接下来打开Visual Studio 2010，开始C#的学习之旅，如图8-2所示。各种编程语言总由有一个"Hello World"开始，那么，就先来做一个"Hello World"吧。在上C语言课程时，做实验通常是通过控制台来输入和输出的，就是一个黑色的框，界面十分不友好，而且并不支持按键、文本框等控件，很多同学一学期C语言学习下来，连怎么生产一个.exe的可执行文件都不知道。首先用C#来解决一下这个困惑。

　　首先如图8-3所示，选择"文件"→"新建"→"项目"菜单项，新建一个项目。

　　接下来，在弹出的界面中选择"Visual C#"→"Windows窗体应用程序"选择，其他选择默认即可，单击"确定"按钮，如图8-4所示，会看到生成一个界面叫作"Form1"。

　　接下来单击图8-5所示的"运行"按钮，Visual Studio会自动地编译、产生.exe可执行文件并运行该文件。至此为止，同学们人生中第一个可执行的窗体应用程序就生成完毕了，接下来加入一些功能(单击Form1右上角的"关闭"按钮关闭它就可以了)。

——基于C#的软件编写

图 8-2　Visual Studio 2010 欢迎界面

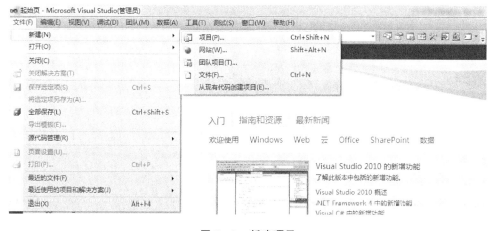

图 8-3　新建项目

如图 8-6 所示,在软件的左侧找到"工具箱"这一栏(如果找不到,在菜单栏中打开"视图"菜单可以找到它),工具栏中有很多工具,我们将这些工具称作"控件",我们选择"公共控件",找到 Button,用左键将其拖拽到 Form1 中,这样,就在窗体应用程序中得到了一个按钮,叫作"button1"。这时候单击这个按钮是没有反应的。

首先单击 Form1 右上角的"关闭"按钮,返回如图 8-7 所示的设计界面,在这个

图 8-4 新建窗体应用程序

图 8-5 "运行"按钮

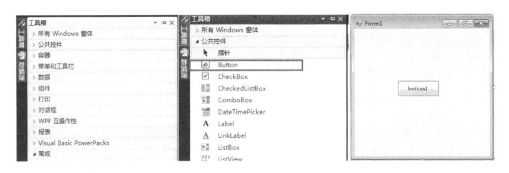

图 8-6 添加 Button 控件

界面中,可以使用鼠标自由地拖拽调节窗口、按钮的大小。现在,双击 button1。

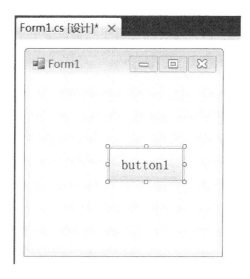

图 8-7 设计界面

如图 8-8 所示,软件自动跳转到了 Form.cs 的代码界面,这里是用于编写 Form1 内的各种逻辑的地方,可以使用单击的方式自由地切换设计界面和代码界面。

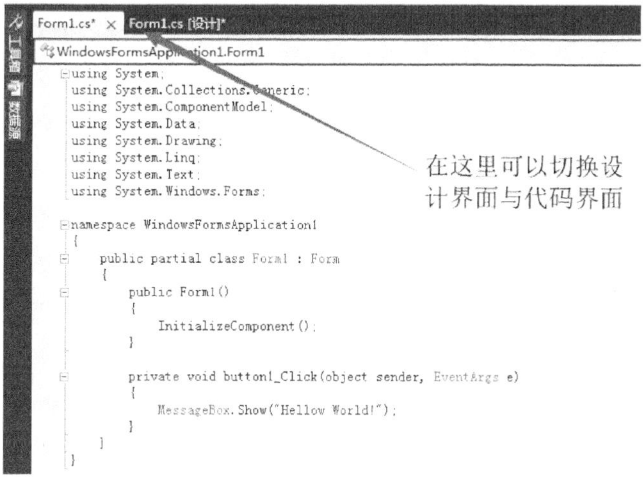

图 8-8 代码界面

同时,刚才的双击操作使得软件自动生成了一个函数"button1_Click",这个函数就是单击 button1 按钮时,程序要做的事情。现在在这个函数中输入一行代码:

MessageBox.Show("Hellow World!");

接下来,单击"运行"按钮,运行这个程序。

接下来,单击"button1"小按钮,会发现弹出"Hellow World!"对话框了,如图8-9所示。至此,第一个有实际功能的 Windows 窗体程序就生成了,它包含了当前版本的程序界面和输入、输出功能。

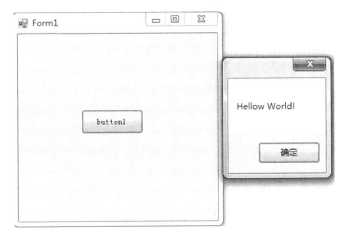

图 8-9 Hellow World

那么,如何把这个程序发给其他人,展示一下刚才的战果呢? 我们需要找到.exe的可执行文件。在程序的右下角(也有的是在左下角)找到"解决方案资源管理器",可以看到刚才新建的项目"WindowsFormsApplication1",刚才生成的所有文件都在这里,感兴趣的同学可以一一打开观察一下。右击 WindowsFormsApplication1,在弹出的快捷菜单中选择"在 Windows 资源管理器中打开文件夹",如图 8-10 所示。打开 bin 文件夹,再打开 Debug 文件夹,就可以找到 WindowsFormsApplication1.exe 可执行文件了,如图 8-11 所示。

图 8-10 解决方案资源管理器

其他的文件是调试过程中生成的,暂时不需要关心它们。同学们可以试着直接双击自己的可执行文件,将该文件转移至其他计算机并打开试试;也可以将刚才的程序增加更多的功能,比如设置两个按钮,显示不同的文字内容。

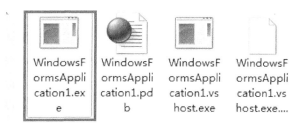

图 8-11 找到可执行文件

8.4 C#必备知识介绍

通过 8.3 节的讲解,同学们已经基本上搞明白了这个语言的基本操作方法,本节将再补充一些必要的知识,就可以自行编写一些简单的小软件了。

由 8.3 节可知,工具箱里有许许多多的控件,这里先挑几个最常用的来了解一下。首先要明白,每一个控件都有很多的属性,这些属性决定了控件的各种表现,就如同所有的人都称作人类,但是每个人都有不同的性格,不同性格的人会有不同的表现。这是典型的基于对象的编程方式,"人类"就是一个类别,单独的某个人,就是类细分出来的"对象"。关于每个控件的属性,当拖拽一个控件到设计界面中并选中它时,在右侧找到属性栏,就可以编辑它的各项属性了,比如名字、显示的内容、尺寸等,如图 8-12 所示。(如果找不到属性,在菜单栏中打开"视图"菜单可以找到属性窗口并打开它。)

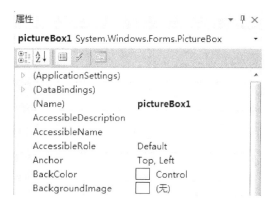

图 8-12 属性栏

Label 控件用于显示一些标签性质的文本,如图 8-13 所示,该控件比较简单,有以下重要属性。

> Name:Name 属性是它的名字,名字用于编程的时候可以指定要控制的到底是哪一个控件,不至于混淆。

A Label   label1

图 8-13 Label 控件

➢ Text:试着修改 Text 属性的内容,可以改变显示的文字,中英文都支持。

TextBox 控件是典型的输入输出处理控件,通常用于获取用户的输入,比如用户的密码输入,或者输出文本并让用户可以执行选中、复制、粘贴等文本操作,用这个控件可以编写 Windows 下记事本应用程序(见图 8-14)。它有以下重要属性。

➢ Name:控件名称。

➢ Text:控件显示的内容。

➢ Multiline:该属性有 2 个值,一个是 true,一个是 false。如果为 true,表示可以在编辑框中输入多行;如果为 false,表示在编辑框中仅可以输入一行。

➢ ReadOnly:表示控件是否只读。

➢ PasswordChar:表示控件是否用于输入密码。

abl TextBox   明月几时有,把酒问青天

图 8-14 TextBox 控件

PictureBox 控件用于显示图片,也可以作为画板,由用户通过代码控制,绘制点、线等图形(见图 8-15)。该控件有以下重要属性。

➢ Name:控件名称。

➢ Image:设定控件显示的图片。

➢ SizeMode:设定图片尺寸与控件尺寸的关系,可以使用拉伸或者居中,也可以仅显示图片的局部。

图 8-15 PictureBox 控件

GroupBox 控件用于将一类控件放入一个组,并给这组控件显示一个名字,比如 Word 中的导航栏,就是一个典型的 GroupBox 类型的控件,如图 8-16 所示。该控

件有以下重要属性。
- Name:控件名称。
- Text:控件左上角显示的文字。

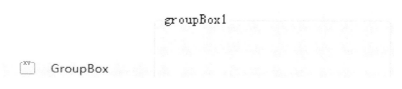

图 8-16 GroupBox 控件

Timer 控件用于生成固定频率的时间基准,并以中断的形式响应,如图 8-17 所示。该控件有以下重要属性。
- Enable:是否启用该定时器。
- Interval:中断的间隔。

SerialPort 控件用于进行串行通信,是 PC 与单片机系统通信最常用的手段,我们平常使用的 USB 转串口、蓝牙转串口等,都是通过这一控件实现通信的,如图 8-18 所示。该控件有以下重要属性。
- Baudrate:波特率,决定串行通信的速率。
- ReadbufferSize:串口接收缓存大小(字节数)。
- ReceiveByteThreshold:触发串口接收中断所需达到的字节数。
- WriteBufferSize:串口发送缓存大小(字节数)。

图 8-17 Timer 控件　　　　　图 8-18 SerialPort 控件

小作业:使用 MonthCalendar 控件,制作一个简单的电子万年历。

8.5　C#的事件驱动机制

作为一种便于编写图形化人机交互界面的语言,C#具有极其快速的界面生成功能和易于理解的代码逻辑。在代码编写时,采用多线程+事件响应的方式,可以编写出各种功能强大的软件。这里,我们先讨论一下事件响应式编程。

对软件来讲,很多事情都可以算作一个事件,比如单击按钮、用户操作键盘、系统自动休眠……举个例子,用户输入用户名、邮箱、密码后,单击注册,输入无误校验通过后,注册成功并发送邮件给用户,要求用户进行邮箱验证激活。这里面就涉及了两个主要事件(下面按照事件的起因、经过、结果要素来分析)。
- 注册事件:起因是用户单击了"注册"按钮,经过是输入校验,结果是是否注册成功。

➢ 发送邮件事件:起因是用户使用邮箱注册成功需要验证邮箱,经过是邮件发送,结果是邮件是否发送成功。

在刚才进行的"Hellow World!"实验里,新建一个按钮 button1 并双击它,得到一个函数,现在再来观察一下它:

```
private void button1_Click(object sender, EventArgs e)
{
    MessageBox.Show("Hellow World!");
}
```

其中,object sender 指代发出事件的对象,这里也就是 button1 对象;EventArgs e 是事件参数,可以理解为对事件的描述,称为事件源;大括号中的代码逻辑,就是对事件的响应和处理,称为事件处理。

进行了上述的讲解,现在大家可以试着理解 C♯ 的一个常用编程技巧,即使用事件响应,组织起程序的整个逻辑框架。简单地讲,整个程序的所有代码都是由一个又一个事件响应函数组成的,当用户单击不同的下拉列表、不同的按钮,按下不同的快捷键时,在事件响应函数中进行处理,就可以完成所有程序编写了。

现在返回刚才的"Hellow World!"程序的设计界面,选中 button1 按钮,然后观察属性栏,单击"事件"按钮,如图 8-19 所示为一个闪电状的按钮,会看到一列函数名,这就是 button1 可以触发的各种事件。

图 8-19 控件的事件

当单击一个事件的名称时,其下方会出现注释,描述这个事件的意义,如图 8-20 所示,是 MouseHover 事件,当鼠标在控件内保持静止状态达一段时间时发生。如果双击这个事件名,系统会自动地为 button1 分配一个事件处理函数,用于编写 button1 发生 MouseHover 事件时的事件响应。

图 8-20 MouseHover 事件

单击 Form1,然后找到它的事件列表,双击 KeyUp,给 Form1 注册一个按键释放事件,然后在事件响应函数中简单地输入一个对话框的输出:

```
private void Form1_KeyUp(object sender, KeyEventArgs e)
{
    if (e.KeyCode == Keys.Space)
    {
        MessageBox.Show("新年快乐");
    }
}
```

然后在 Form1 的属性栏里找到 KeyPreview 属性,将其设为"True",表示让 Form1 监听键盘事件。接下来运行所编写的程序。试试按下空格键,当释放时,系统便会发来新年的问候。

也可以使用 Timer 来做一个简单的事件响应实验。在工具箱中拖拽一个 Timer 控件至设计界面,单击该控件,并在属性栏中找到 Tick 事件,双击它,输入以下代码:

```
private void timer1_Tick(object sender, EventArgs e)
{
    MessageBox.Show("新年快乐");
}
```

将 timer1 的属性改为如图 8-21 所示的内容,然后单击"启动调试"按钮,查看效果,每过 3 000 ms,系统便会自动发来一次新年的问候。

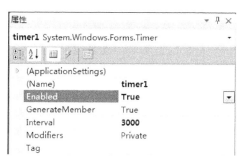

图 8-21 修改 timer1 属性

小作业:使用 Timer 等控件,制作一个简单的电子秒表软件。

8.6 C#的串口通信编程

串口通信是一种嵌入式开发极其常见的开发手段,其特点是速度不高,但连接简单,只需 3 根线就能实现异步全双工通信,可谓是十分方便了。图 8-22 所示是单片机与 PC 之间进行异步全双工串口通信的基本连接方法。

当然,目前市面上也有很多无线设备支持串口通信,这样就可以使用串口通信的

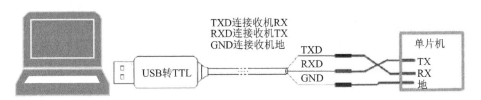

图 8-22　串口通信连接方法

方式，让单片机和 PC 之间实现无线数据通信。在智能车等科技创新类项目的制作时，经常会用到无线调试的方法，通过串口转蓝牙或 WIFI 的方式将车辆或机器人的一些重要参数和数据实时地发送到上位机，并形成曲线，以便于观察和分析，这种真机调试的方式比模拟仿真更接近实际运行时的情况。

为了做实验，可采用虚拟串口来模拟一个真实的串口设备。请同学们先下载安装名为 Virtual Serial Ports Driver 的软件，对于版本并没有什么特殊的要求。这个软件可以在计算机中生成配好对的串口，并将这一对串口进行连接，它们之间的数据会进行无缝传输，这样就可以模拟一个与计算机进行了串口连接的设备。

打开软件，输入要模拟的两个串口，并单击 Add pair 按钮将两个串口配对（通过虚拟的方式连接了两个串口），这里需要确定这两个串口在设备中没有被占用，打开设备管理器的端口一栏，可以查看目前计算机已使用的串口号。这里使用了 COM2 和 COM3，如图 8-23 所示。先使用网友编写好的串口调试助手来调试一下这两个串口，看看通信是否正常。

没有串口调试助手的同学可以自己网络搜索并下载，各种串口调试助手都可以，没有特殊要求。打开两个一模一样的串口调试助手软件，一个打开 COM2，另一个打开 COM3，如图 8-24 所示，波特率、奇偶检验、数据位、停止位都使用默认状态即可，并不需要做任何改变（如果要修改，记得收、发必须同步修改，并保持一致，才能通信成功）。接下来在一个串口助手中随便输入一些文字，单击"发送"按钮，可以看到另一个串口助手中收到了发送的文字，反之亦然，则证明串口调试助手已经正常工作了，将串口调试助手关闭即可。

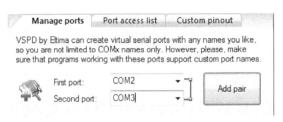

图 8-23　VSPD

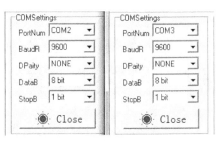

图 8-24　打开两个串口

接下来回到 C# 的设计界面，在工具箱中找到 SerialPort，并拖拽一个到 Form1

中来，这样就得到SerialPort类的一个实际的对象：SerialPort1。我们可以观察一下它的属性，默认属性都是串口通信的典型属性，对于初学者来说暂时不需要改变，使用默认值即可，随着使用的深入，会慢慢地理解每一个属性的含义。

为了进行串口通信实验，首先在Form1中放置如图8-25所示的4个控件。单击"ComboBox1"，在事件列表中找到Click并双击，产生一个Click事件，输入如下代码：

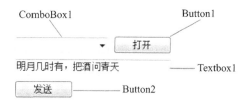

图8-25　建立必要的控件

```
private void comboBox1_Click(object sender, EventArgs e)
{
    comboBox1.Items.Clear();                //清空comboBox1中已有的条目
    string[] str = SerialPort.GetPortNames();//搜寻并获得计算机中已连接的COM口
    foreach(string s in str)                //foreach循环
    {
        comboBox1.Items.Add(s);             //在comboBox1中添加计算机中已连接的COM口
    }
    comboBox1.SelectedIndex = 0;            //让comboBox1默认选择第一条
}
```

这里注意一下，如果代码中的SerialPort.GetPortNames()被系统标红，则说明没有添加库的引用，每当用到一些编写好的库中的函数时，应该对应地添加这个库的引用。选中SerialPort，使用快捷键Ctrl+.(.就是键盘上的句号按键)，就可以智能地识别并添加引用了，如图8-26所示。

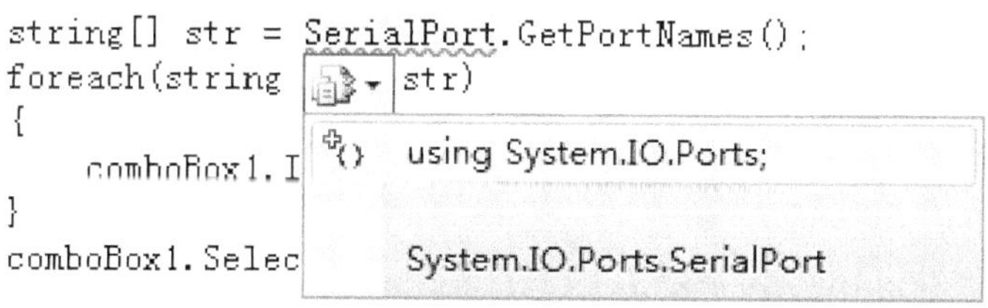

图8-26　智能添加引用

对于button1，也就是在打开按键的Click事件中添加如下代码：

```
private void button1_Click_1(object sender, EventArgs e)
{
    if (button1.Text == "打开")
```

```
        {
            button1.Text = "关闭";
            serialPort1.PortName = comboBox1.SelectedItem.ToString();
                    serialPort1.Open();
        }
            else
        {
            button1.Text = "打开";
            serialPort1.Close();
        }
    }
```

对于button2,也就是发送按键的Click事件中添加如下代码:

```
private void button2_Click(object sender, EventArgs e)
{
    //设置编码方式,如果不发送中文,则可以不加以下这一行
    serialPort1.Encoding = System.Text.Encoding.GetEncoding("GB2312");
    serialPort1.Write(textBox1.Text);//发送 textBox1 中的数据
}
```

接下来打开串口助手,选择COM2并打开。回到C#的编程界面,单击"启动调试"按钮,运行刚才编写的软件,在下拉列表框中选择COM3,然后单击"发送"按钮,就可以在串口助手中观察到发送的字符串,如图8-27所示。若收到的字符是一串十六进制的数(以0x开头),请取消选中Receive As HEX复选框,该复选框会将接收到的数据以十六进制显示。

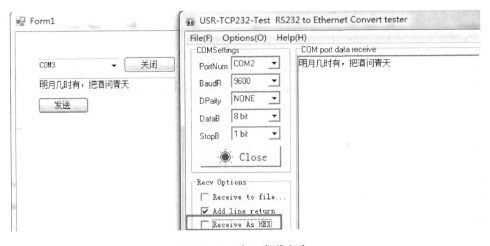

图 8-27 串口发送实验

接下来将数据传输的方向转向反向,使用串口调试助手给自己的软件发送数据

并进行显示。这里要用到一个重要的函数:串口数据接收响应函数 DataReceived。每当串口接收到的数据大于或等于 ReceiveByteThreshold 时,就会自动地进入这个函数,这在 8.4 节中介绍 SerialPort 控件时有详细的论述。

回到设计界面,选中 serialPort1,在属性栏中单击小闪电图标,即事件选项,找到 DataReceived 函数并双击,即可在程序编写界面中得到一个 serialPort1_DataReceived 函数,这就是数据接收响应函数。在函数中编写如下代码:

```
private void serialPort1_DataReceived(object sender, SerialDataReceivedEventArgs e)
{
    //设置编码方式,如果不发送中文,则可以不加以下这一行
    serialPort1.Encoding = System.Text.Encoding.GetEncoding("GB2312");
    this.Invoke(new Action(() =>
    {
        textBox1.Text = serialPort1.ReadLine();
    }));
}
```

实验方法与刚才相同,依然是使用串口调试助手与我们编写的软件进行通信,在串口调试助手的文本框中输入一些内容,然后单击 Send 按钮,如果串口调试助手有 Add line return(在末尾加入换行符),则一定要选中,因为 ReadLine()这个函数的功能是读取数据一直到换行符为止,换行符也就是十六进制的 0D 0A,在嵌入式通信中,这一知识点会频繁地用到。如果没有这一选项,则可以手动地在文本框的末尾输入一个回车。

图 8-28 所示是反向通信的效果,左侧是使用串口助手发送的内容,右侧是接收到的数据。大家可能注意到了接收函数中用到了一个 this.Invoke 函数,这是因为 TextBox1 控件是在主线程中创建的(也就是负责维护界面的线程),并且 C♯ 默认串口接收函数是在一个新的线程中运行的,并且 C♯ 规定只有在主线程中才可以调用由主线程创建的控件(为了防止出现一些混乱和冲突,比如有很多线程同时调用负责显示的控件),因此,需要用委托的方式,在其他线程中将 TextBox1 要做的事情委托给主线程,让主线程来完成这一工作,this.Invoke 函数就是进行委托的函数(在 C♯ 中没有指针这一概念,委托相当于使用 C 语言中的函数指针)。对这一部分内容不容易理解的同学也不用着急,暂时知道这是 C♯ 的一种固有套路,按照同样的方式使用即可,在使用的过程中会逐渐地加深理解。

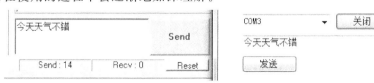

图 8-28 反向通信

当在程序中输入 serialPort1. 时,Visual Studio 会自动列出所有可用的函数供选择,需要熟悉 SerialPort 以下几个最常用的函数。

➢ public int Read(char[] buffer, int offset, int count);

输入缓冲区中读取大量字符,然后将这些字符写入到一个字符数组中指定的偏移量处。Buffer:输入写入到其中的字符数组;offset:缓冲区数组中从其开始读取的偏移量;count:要读取的字符数;返回结果:读取到的字符数。

➢ public int ReadByte();

输入缓冲区中同步读取一个字节,强制转换为 System. Int32 的字节;或者,如果已读取到流的末尾,则为 −1。

➢ public int ReadChar();

输入缓冲区中同步读取一个字符,返回为读取的字符。

➢ public string ReadExisting();

SerialPort 对象的流和输入缓冲区中所有立即可用的字节,返回对象的流和输入缓冲区的内容。

➢ public string ReadLine();

一直读取到输入缓冲区中的 System. IO. Ports. SerialPort. NewLine 值。

➢ public string ReadTo(string value);

一直读取到输入缓冲区中的指定 value 的字符串,返回输入缓冲区中直到指定 value 的内容。

发送函数通常以 Write 开头,使用方法与接收函数类似,这里不再赘述。

小作业:自己动手编写一个简单的串口调试助手,具有常见串口调试助手的所有基本功能。

8.7　C#的曲线绘制

曲线绘制是上位机编写时的一个常用功能,用于将某一类数据显示为曲线,从而可以直观地看到曲线的变化规律。比如将智能车车轮转速随时间的变化绘制为曲线,在进行 PID 参数调节时会有很大的用处。

在 C#中,使用 Chart 控件,可以方便地进行曲线绘制(图 8-29)。在程序设计界面,从工具箱中拖拽一个 Chart 控件到 Form1 中。为了能够正确地使用 Chart 控件,我们要熟悉一些 Chart 的必要属性,但是这个控件因为功能十分强大,所以有海量的可配置属性,因此,必须能够抓住最本质的属性,从而正确地使用控件,以下将分为必要属性和常用属性分别对其进行介绍,以便大家能快速地学习 Chart 控件。首先介绍该控件的必要属性。

Series:Series 属性是一个集合,可以理解为一个数组,数组中的每个成员都是一条曲线,一个 Chart 中可以绘制多条曲线。双击 Series 属性,可以打开一个额外的属

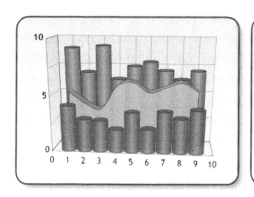 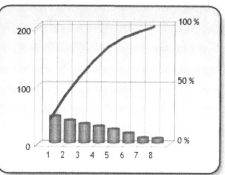

图 8-29 Chart 控件

性窗口,左侧有成员,默认只有 Series1,右侧是 Series 的属性,如图 8-30 所示。

图 8-30 Series 属性

该控件还有以下两个属性是必要属性。

ChartType:曲线的类型,可以选择散点图、折线图、饼图等。

Points:曲线中的点,只要修改这个属性,Chart 中就会显示出曲线。

掌握以上三个属性,就可以开始曲线的绘制了,先试着制作一条随时间递增的斜线,在工具栏中拖拽一个 Timer1 控件,将 Timer1 的 Interval 属性设置为 1 000 ms,Enable 属性设置为 True,双击 Tick 事件,在其中输入如下代码:

```
private void timer1_Tick(object sender, EventArgs e)
{
    Series series1 = chart1.Series[0];
    series1.ChartType = SeriesChartType.Line;
```

```
        series1.Points.AddXY(DateTime.Now.ToString("mm:ss"), DateTime.Now.Second);
    }
```

如果代码中有红色下划线则表明错误，使用 Ctrl+. 快捷键添加引用即可，如图 8-31 所示。

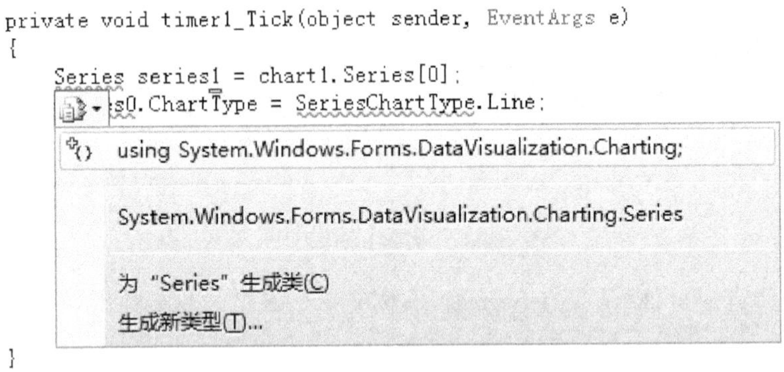

private void timer1_Tick(object sender, EventArgs e)
{
Series series1 = chart1.Series[0];
s0.ChartType = SeriesChartType.Line;
using System.Windows.Forms.DataVisualization.Charting;
System.Windows.Forms.DataVisualization.Charting.Series
为 "Series" 生成类(C)
生成新类型(T)...
}

图 8-31　添加引用

运行效果如图 8-32 所示。

60
40
20
0
0
39:10
42:33
45:56
49:18
52:41
Series1

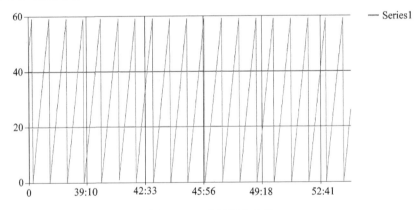

图 8-32　绘制出的曲线

我们将计算机当前时间的分和秒作为横轴，将秒作为纵轴，得到一个随着时间流逝，以 60 s 为一个循环的曲线。通过以上例子，已经基本理解了 Chart 控件的使用方法，只需要配置好曲线的基本属性，然后不断地调用 series1.Points.AddXY()函数，给曲线增加要显示的点，就可以完成曲线的绘制。再来看一个绘制多条曲线的例子。在 Form1 的构造函数(初始化函数)中输入以下代码，运行并观察现象。

```
public Form1()
{
    InitializeComponent();
```

```
Series series1 = chart1.Series[0];
series1.ChartType = SeriesChartType.Line;

series1.Points.AddXY(1, 2);
series1.Points.AddXY(2, 12);
series1.Points.AddXY(3, 22);
series1.Points.AddXY(4, 22);
series1.Points.AddXY(5, 42);
series1.Points.AddXY(6, 52);
series1.Points.AddXY(7, 62);

Series series2 = new Series();
series2.ChartType = SeriesChartType.Line;
series2.Color = Color.Black;
chart1.Series.Add(series2);
series2.Points.AddXY(1, 23);
series2.Points.AddXY(2, 54);
series2.Points.AddXY(3, 55);
series2.Points.AddXY(4, 78);
series2.Points.AddXY(5, 34);
series2.Points.AddXY(6, 89);
series2.Points.AddXY(7, 34);
}
```

可以看到生成了两条颜色不同的曲线。在曲线的绘制过程中，大家也可以试着修改一些常用属性，比如以上代码修改了曲线的颜色，即 series2.Color = Color.Black，这句代码将曲线颜色设置为黑色。在图 8-33 中，将 Chart 的一些常见属性进行了标记，同学们可以对应到 Chart 控件的实际属性中，并根据自己的需要进行调

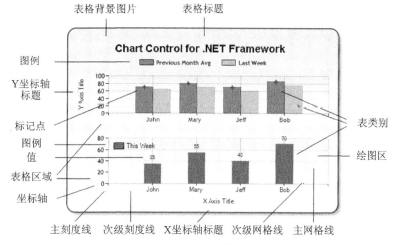

图 8-33 Chart 常用属性

整,在调整的过程中,通过观察曲线的变化,就可以逐渐掌握常用的属性了。

对于属性的修改,可以在设计界面中,单击某个控件,如Chart1,然后在属性栏中修改它的属性,也可以在程序初始化的时候,比如在Form1()函数中,通过编写代码的方式对属性进行赋值,这样做的好处是可以清晰地看到对控件的哪些属性做了修改,而如果通过属性栏修改,则难以看出哪里做过修改。同学们可以尝试修改一下刚才例程中的曲线的粗细,将曲线变得更粗,用两种不同的方式达到这一目的,并体会两者的区别。

8.8 C#的异常处理机制

异常是在程序执行期间出现的问题。C#中的异常处理是指对程序运行时出现的特殊情况的一种响应,当程序运行时,检测到运行错误,如果不进行异常处理,那么程序会崩溃,然后自动关闭(相信大家在生活中都有过这样的体会)。为避免程序出现崩溃和自动关闭,我们应该对异常进行捕获,然后指导程序正确地排除故障,从而继续运行。

异常提供了一种把程序控制权从某个部分转移到另一个部分的方式。C#异常处理是建立在三个关键词之上的:try、catch、finally。try语句用于标记有可能出现错误的代码段,跟在try后面的代码是要捕捉异常的代码;catch用于捕捉try后面的代码在运行过程中的异常,因为代码的异常多种多样,所以可能经常会用不同的try-catch来捕捉和处理不同的异常。finally语句经常不会被用到。要记得一点,只要用try-catch捕获了发生的异常,那么try中的代码异常通常就不会导致程序的崩溃和自动关闭,如果处理了异常,也许可以将程序带入正确的轨道,如果不处理,则相当于直接跳过了try语句中出现异常的代码,直接跳出try-catch代码段,也就是说异常之后的位于try中的代码也不会被执行。但是,如果使用了try-catch,但是没有捕获到发生的异常(捕捉的异常没有发生,发生的异常正好没有捕捉),那么程序依然会崩溃并退出。接下来来看一下官方的解释。

> try:一个try块标识了一个将被激活的特定的异常的代码块,其后跟一个或多个catch块。
> catch:程序通过异常处理程序捕获异常。catch关键字表示异常的捕获。
> finally:finally块用于执行给定的语句,不管异常是否被抛出都会执行。例如,如果您打开一个文件,不管是否出现异常文件都要被关闭。

下面进行一些简单的实验,首先在Form1()函数中输入如下代码:

```
public Form1()
{
    InitializeComponent();
    int numx = 123;
```

```
    int numy = 0;
    int numz = numx / numy;
}
```

运行一下，发现程序无法正常地出现 Form1 界面，编译器报错"尝试除以零"，如果运行这段代码产生的 exe，就会发现程序崩溃了。

现在进行一些修改：

```
public Form1()
{
    InitializeComponent();
    try
        {
        int numx = 123;
        int numy = 0;
        int numz = numx / numy;
        MessageBox.Show(numz.ToString());
        }
    catch(Exception e)
        {

        }
}
```

运行该程序，发现程序没有任何的报错，也并不弹出对话框。这是因为使用 try-catch 捕捉了异常，并不区分异常的种类，捕捉所有可能出现的异常，使用 Exception 类可以做到这一点。然后在 catch 中，没有做任何的处理，相当于抛弃这个异常，假装没有发生过，因此系统将出现异常的代码和这之后的代码直接跳过，并跳出了这个 try-catch 异常捕获。接下来再进行一些修改，将分母改为 10：

```
public Form1()
{
    InitializeComponent();
    try
    {
        int numx = 123;
        int numy = 10;
        int numz = numx / numy;
        MessageBox.Show(numz.ToString());
    }
        catch(Exception e)
        {
```

　　　　}
　　}

　　试着运行一下,发现程序正常运行,并通过弹窗的方式给出了结果:12。再修改一下:

```
public Form1()
{
    InitializeComponent();
    //Control.CheckForIllegalCrossThreadCalls = false;
    try
    {
        int numx = 123;
        int numy = 0;
        int numz = numx / numy;
        MessageBox.Show(numz.ToString());
    }
    catch(Exception e)
    {
        MessageBox.Show(e.Message);
    }
}
```

　　这一次分母依然是零,但是将异常的信息进行了输出。程序用弹窗的方式,将异常的具体信息进行输出,并继续运行接下来的程序,没有出现程序崩溃的情况。这是一种常用的bug调试方式,可以将怀疑有异常的地方使用try-catch进行捕获,捕获所有可能出现的异常,并将异常信息记录在一个文件中,标注异常出现的时间,出现在程序中的哪一行,然后通过长时间的运行,就可以逐渐捕捉所有出现的错误。这个文件称为log文件,即日志文件。

　　通过以上的讲解,同学们应该已经基本学会了异常的捕获和处理方法,在代码出现异常崩溃的时候,可以选择捕获异常并记录,然后根据查看记录来修改程序,使其不再出现异常;也可以选择捕获异常并抛弃(因为有的异常是允许出现的,因此这类异常只需要忽视即可,不能因为这样的异常导致程序崩溃)。异常有很多种类,如果不想详细地区分异常种类来分别处理,只需要捕捉Exception即可,下面介绍一下异常的种类。

　　C#异常是使用类来表示的。C#中的异常类主要是直接或间接地派生于System.Exception类。System.ApplicationException和System.SystemException类是派生于System.Exception类的异常类。

　　System.ApplicationException类支持由应用程序生成的异常。所以程序员自定义的异常都应派生自该类。

System.SystemException 类是所有 C# 预定义的系统异常的基类。

表 8-1 列出了一些派生自 System.SystemException 类的预定义的异常类。

表 8-1 常见的异常

异常类	描 述
System.IO.IOException	处理 I/O 错误
System.IndexOutOfRangeException	处理当方法指向超出范围的数组索引时生成的错误
System.ArrayTypeMismatchException	处理当数组类型不匹配时生成的错误
System.NullReferenceException	处理当依从一个空对象时生成的错误
System.DivideByZeroException	处理当除以零时生成的错误
System.InvalidCastException	处理在类型转换期间生成的错误
System.OutOfMemoryException	处理空闲内存不足生成的错误
System.StackOverflowException	处理栈溢出生成的错误

接下来看一个网上收集的例子,是并联捕捉多个异常的情况:

```
try
{
    Exceptions.Text1("tt", 23, "boy");
    Console.WriteLine("无异常");
}
catch (ArgumentNullException e)
{
    Console.WriteLine(e.Message);
    Console.WriteLine(e.StackTrace);
}
catch (ArgumentOutOfRangeException e)
{
    Console.WriteLine(e.Message);
    Console.WriteLine(e.StackTrace);
}
catch (ArgumentException e)
{
    Console.WriteLine(e.Message);
    Console.WriteLine(e.StackTrace);
}
```

同学们在实际的软件编写过程中加以练习,慢慢地就可以对异常捕获和处理方法融会贯通。

8.9　C♯的文件读/写操作

对于上位机而言，文件读/写是一个常用的功能，比如将文件从 SD 卡中存储或读取，保存软件运行过程中生成的日志文件，打开一个已知的 txt 文档并保存数据等，都需要文件读/写操作。之前已经讲过，C♯语言是基于微软的.NET 框架的，在.NET 框架中，提供了大量有用的工具帮助进行文件的有关操作，工具的主要内容是各种类及其成员函数，使用这些工具，就可以轻松地完成对文件的操作了。

对文件操作来讲，最重要和最基本的操作，是对目录和文件的操作。.NET Framework 提供了 Directory 类和 DirectoryInfo 类，以方便在程序中直接操作目录。

Directory 类的常用方法成员有 CreateDirectory（创建新目录）、Delete（删除目录）、Exists（判断目录是否存在）、Move（移动目录）、GetFiles（获得目录的文件列表）、GetDirectories（获得子目录列表）等。

DirectoryInfo 类的常用字段成员有 Name（提取目录名）、Exists（判断目录是否存在）、Parent（父目录）、Root（根目录）、MoveTo（移动目录）、GetFiles（获得目录的文件列表）、GetDirectories（获得子目录列表）等。例如，以下代码分别展现了 Directory 类和 DirectoryInfo 类的基本方法。

```csharp
Directory.CreateDirectory(@"d:\C♯程序设计");
if(Directory.Exists(@"d:\C♯程序设计"))
{
    Console.WriteLine("创建成功");
}
Directory.Delete(@"d:\C♯程序设计");
if(! Directory.Exists(@"d:\C♯程序设计"))
{
    Console.WriteLine("删除成功");
}

DirectoryInfo dir = new DirectoryInfo(@"d:\C♯程序设计");
if(! dir.Exists)
{
    dir.Create();
}
else
{
    Console.WriteLine("该目录已经存在");
}
```

.NET Framework 提供了 File 类和 FileInfo 类，以方便在程序中直接操作文件。File 和 FileInfo 类位于 System.IO 命名空间,都可以用来实现创建、复制、移动、打开文件等操作。File 类和 FileInfo 类与 Directory 类和 DirectoryInfo 类的工作方式相似。File 类是一个静态类,可直接调用其方法成员。FileInfo 类不是静态类,需要先创建实例。表 8-2 所列是 File 类的常用方法(C#中通常将函数称作方法)。

表 8-2　File 类的常用成员函数

常用方法	介　绍
Open()	打开文件
Create()	创建文件
Copy()	复制文件
Delete()	删除文件
Exists()	判断文件是否存在
Move()	移动文件
Replace()	替换文件
AppendAllText()	新建文件并添加文本
ReadAllText()	打开并读取文本内容

接下来做一些简单的实验,通过一个按钮来初始化一个文件,并在文件中写入一些内容。

新建一个按钮,将按钮文字改为"创建文件"(Text 属性),并打开它的 Click 函数,输入以下代码并尝试运行:

```csharp
private void button3_Click(object sender, EventArgs e)
{
    string path = @"e:\测试.txt";
    if (! File.Exists(path))
    {
        //参数1:要创建的文件路径,包含文件名称、后缀等
        FileStream fs = File.Create(path);
        fs.Close();
        MessageBox.Show("文件创建成功!");
    }
    else
    {
        MessageBox.Show("文件已经存在!");
    }
}
```

以上代码完成了在 E 盘的根目录下创建一个.txt 文件。但是如果想在 E 盘新建文件夹,并在文件夹中新建.txt 文件,该如何操作呢?对以上代码进行一些修改:

```csharp
private void button3_Click(object sender, EventArgs e)
{
    string path = @"D:\Test\Debug\测试.txt";
    //需要添加引用
    if (! Directory.Exists(@"D:\Test\Debug"))
    {
        Directory.CreateDirectory(@"D:\Test\Debug");
    }
    if (! File.Exists(path))
    {
        FileStream fs = File.Create(path);
        fs.Close();
        MessageBox.Show("文件创建成功!");
    }
    else
    {
        MessageBox.Show("文件已经存在!");
    }
}
```

这一段代码首先使用 Directory 类在 D 盘创建了一个目录,然后在目录下创建了 .txt 文件,在创建之前,对是否已经存在进行了判断,避免出现运行错误。

新建一个按钮,将按钮文字改为"打开文件"(Text 属性),并打开它的 Click 函数,输入以下代码并尝试运行:

```csharp
private void button4_Click(object sender, EventArgs e)
{
    string path = @"D:\Test\Debug\测试.txt";
    //需要添加引用
    if (File.Exists(path))
    {
        //参数1:要打开的文件路径;参数2:打开的文件方式
        FileStream fs = File.Open(path, FileMode.Append);
        //字节数组
        byte[] bytes = { (byte)'h', (byte)'e', (byte)'l', (byte)'l', (byte)'o' };
        //将字节数组写入文件
        fs.Write(bytes, 0, bytes.Length);
        fs.Close();
        MessageBox.Show("写入完毕!");
    }
    else
    {
```

        MessageBox.Show("文件不存在!");
    }
}
```

以上代码完成了在.txt文件中写入一串数据,这里要补充一下File.Open()函数的第二个参数,有以下几种选择,同学们可以修改这个参数,尝试每种不同的参数带来的效果。

➤ FileMode.Append:追加

如果文件存在,则打开文件,把指针指到文件的末尾;如果不存在,则新建文件。

➤ FileMode.Create:新建

如果文件存在,则覆盖原有文件,把指针指到文件的开始,文件的创建日期会更新;如果文件不存在,则新建文件。

➤ FileMode.CreateNew:新建新的文件

如果文件存在,则产生异常;如果文件不存在,则新建文件。

➤ FileMode.OpenOrCreate:打开或是新建

如果文件存在,则打开文件,把指针指到文件的开始;如果文件不存在,则新建文件。

➤ FileMode.Truncate:打开文件并消除内容

如果文件存在,则打开文件,清除这个文件中的内容,把指针指到文件的开始,保留最初文件的创建日期(重写);如果文件不存在,则产生异常。

➤ FileMode.Open:打开文件

接下来再尝试对已有的txt文件追加一段内容,新建一个按钮,将按钮文字改为"追加文件"(Text属性),并打开它的Click函数,输入以下代码并尝试运行:

```
private void button5_Click(object sender, EventArgs e)
{
    string path = @"D:\Test\Debug\测试.txt";
    string appendtext = "追加一段内容";
    if (File.Exists(path))
    {
        //参数1:要追加的文件路径;参数2:追加的内容
        File.AppendAllText(path, appendtext);
        MessageBox.Show("文件追加成功!");
    }
    else
    {
        MessageBox.Show("文件不存在!");
    }
}
```
```

单击"追加文件"按钮,然后打开测试.txt文件,可以看到文件的最后被追加了一段文字,如果多次单击,则可以追加多次。接下来尝试复制文件,新建一个按钮,将按钮文字改为"复制文件"(Text属性),打开它的Click函数,输入以下代码并尝试运行:

```
private void button6_Click(object sender, EventArgs e)
{
    string path  = @"D:\Test\Debug\测试.txt";
    string path1 = @"D:\Test\Debug\测试1.txt";   //文件复制路径
    if (File.Exists(path))
    {
        //参数1:要复制的源文件路径;参数2:复制后的目标文件路径;参数3:是否覆盖
        //同名文件
        File.Copy(path, path1, true);
        MessageBox.Show("复制文件成功!");
    }
    else
    {
        MessageBox.Show("文件不存在!");
    }
}
```

单击该按钮,会惊喜地发现,文件已经被复制了。同学们可以尝试更改复制的目标地址,看看效果会有什么不同。接下来新建一个按钮,将按钮文字改为"移动文件"(Text属性),打开它的Click函数,输入以下代码并尝试运行:

```
private void button7_Click(object sender, EventArgs e)
{
    string path  = @"D:\Test\Debug\测试1.txt";
    string path2 = @"E:\测试2.txt";   //文件移动路径
    if (File.Exists(path))
    {
        //参数1:要移动的源文件路径;参数2:移动后的目标文件路径
        File.Move(path, path2);
        MessageBox.Show("移动文件成功!");
    }
    else
    {
        MessageBox.Show("文件不存在!");
    }
}
```

单击该按钮,看看有什么变化。这时可以发现移动文件和复制文件最大的区别是被移动的源文件消失了。在移动的过程中还可以对文件进行重命名。接下来新建一个按钮,将按钮文字改为"删除文件"(Text 属性),打开它的 Click 函数,输入以下代码并尝试运行:

```csharp
private void button8_Click(object sender, EventArgs e)
{
    string path = @"D:\Test\Debug\测试.txt";
    if (File.Exists(path))
    {
        //参数1:要删除的文件路径
        File.Delete(path);
        MessageBox.Show("文件删除成功!");
    }
    else
    {
        MessageBox.Show("文件不存在!");
    }
}
```

如果单击按钮显示"文件不存在",那么就先单击"创建文件",新建一个文件即可。通过单击"删除文件"按钮,发现文件的确是被删除了,注意,是彻底删除,并没有被放进回收站里。接下来新建一个按钮,将按钮文字改为"设置属性"(Text 属性),打开它的 Click 函数,输入以下代码并尝试运行:

```csharp
private void button9_Click(object sender, EventArgs e)
{
    string path = @"D:\Test\Debug\测试.txt";
    if (File.Exists(path))
    {
        //参数1:要设置属性的文件路径;参数2:设置的属性类型(只读、隐藏等)
        File.SetAttributes(path, FileAttributes.Hidden);
        MessageBox.Show("设置文件属性为隐藏成功!");
    }
    else
    {
        MessageBox.Show("文件不存在!");
    }
}
```

如果单击按钮显示"文件不存在",那么就先单击"创建文件",新建一个文件即可。通过单击"设置属性"按钮,发现文件不见了! 如果要找到隐藏文件,则需要通过选择"工具"→"文件夹选项"→"显示隐藏文件"来实现。这样就可以看到被隐藏的文件了。通过修改 File.SetAttributes() 函数的第二个属性,可以将文件再改回正常属性,或者改为只读等其他属性,同学们可以尝试一下。

到目前为止,已经掌握了基本的文件读/写操作,这里强调一下,使用.txt文件,仅仅是作为一个便于观察的例子,实际上文件操作并不限于.txt 类型的文件,同学们可以尝试将文件的 txt 后缀改为 bin,并观察效果。另外,在 C♯中,对于有些特殊类型的文件,会有更加方便的类和库函数来帮助快速编程,比如对 Word、Excel 等文件、mySQL 等数据库文件,都会有专用的类和库函数,同学们在用到的时候结合网络资源,可以快速地熟悉其他文件的操作。

对文件操作最后要补充的部分,是使用流的方式对数据进行读/写,这样会大大地简化文件读/写操作。比如读取文件的内容时,如果用 File 类提供的方法,则只能使用 File.ReadAllText() 一次性读取文件的所有行。流式操作在 C♯等现代语言中使用广泛,在文件读/写、TCP/IP 数据包通信等都有大量的应用,希望同学们在日后的学习和实战中注意此类操作,熟练掌握流式操作可以节约大量的编程时间,有时还可以提高机器的运行效率。

对文件的流式操作有多种,每一种针对不同的应用场景,以较为常用的 StreamReader 和 StreamWriter 举例,说明一下基本的文件流式读/写。流读取器 StreamReader 类用来以一种特定的编码(如 UTF-8)从字节流中读取字符,流写入器 StreamWriter 类用来以一种特定的编码(如 UTF-8)向流中写入字符。StreamReader 和 StreamWriter 类一般用来操作文本文件。新建一个按钮,将按钮文字改为"流式写入"(Text 属性),打开它的 Click 函数,输入以下代码并尝试运行:

```
private void button10_Click(object sender, EventArgs e)
{
    string path = @"D:\Test\Debug\测试.txt";
    //保留文件现有数据,以追加写入的方式打开文件
    StreamWriter m_SW = new StreamWriter(path, true);
    //向文件写入新字符串,并关闭 StreamWriter
    m_SW.WriteLine("Another New Line");
    m_SW.Write("非常方便地写入字符");
    m_SW.Close();
    MessageBox.Show("写入成功");
}
```

StreamWriter 特别擅长处理字符类数据的写入,对比之前使用 File 方式的写入,会发现字符串的写入非常方便。多次单击这个按钮进行尝试并观察,可以发现,WriteLine() 和 Write() 函数的区别是 WriteLine() 自动在写入的内容后面添加了换行符。接下来尝试一下 StreamReader 类,新建一个按钮,将按钮文字改为"流式读取"(Text 属性),打开它的 Click 函数,输入以下代码并尝试运行:

```csharp
private void button11_Click(object sender, EventArgs e)
{
    string path = @"D:\Test\Debug\测试.txt";
    StreamReader m_SR = new StreamReader(path);

    // 读 1 个字符
    int nextChar = m_SR.Read();
    MessageBox.Show(nextChar.ToString());
    // 读 1 行
    string nextLine = m_SR.ReadLine();
    MessageBox.Show(nextLine);
    // 读 10 个字符
    int nChars = 10;
    char[] charArray = new char[nChars];
    int nCharsRead = m_SR.Read(charArray, 0, nChars);
    //为方便显示,将 char[]数组转换为字符串
    string str = new string(charArray);
    MessageBox.Show(str);
    m_SR.Close();
}
```

试着运行一下,可以看到调用无参数的 Read() 函数读回来的是字符的 ASCII 码,因为无参数的 Read() 函数返回值是 int 型,这种方式明显不适合于读取字符或字符串,比较适合读取一些十六进制的文件。ReadLine() 读取了接下来的一行字符串,但这里会发现这一行的字符串第一个字符没有了,因为已经被 Read() 函数读走了。现在开始体会到流式读取的特殊之处了,所有的数据都像水流一样,读走了就流走了,再读只能读取剩下的水流。接下来使用带参数的 Read() 函数读取了 10 个字符(将鼠标长时间停留在某个函数上,会自动显示该函数的使用说明,非常方便),存在了字符数组中,这种方式很方便,尤其适合把字符串变成单个的字符进行处理。最后又非常方便地将字符数组转换成了字符串并显示输出。在 C# 中,有大量的数据类型,理论上,任何两种数据类型之间都可以相互转换,而且通常的转换都只需要一句代码,这和以前使用的 C 语言完全不同,因为 C 语言的数据类型转换往往需要自己编写一个函数。至于具体的转换方法,比如 char[]转 string,可以搜索"C# char[]转 string",很快就能找到大量优秀的方法。

到此为止,C#软件编写教程就结束了,有疑问的小伙伴欢迎来信进行讨论,邮箱地址:jsir@sencott.cn。在这里,也许有的小伙伴会觉得自己还没有学到自己满意的程度,总感觉好像并不知道自己所学的知识能干什么,甚至有的同学认为自己学到的知识什么也做不了。其实,从头到尾学过这篇教程的同学,已经具备了编写生活中所有常见小软件的能力了,比如串口调试助手、软件示波器、视频播放器、智能车调试

助手,等等,从能力上讲都是不在话下的(知识储备不足可以在实践中逐渐掌握)。如果感到能力不足的话,主要的原因是没有进行尝试。是时候找到一个有实际价值的软件开始动手编写了,如果正在做一些小项目,比如智能车、SRDP等,不妨编写一个调试助手,把系统的参数显示在软件界面中,把控制按钮设置得功能完善。或者,如果手头没有任何项目,那就编写一个属于自己的计算器吧。当遇到语法方面不会的地方,网络搜索工具(如百度搜索)中输入要实现的功能,并在前面加上"C#"和一个空格,网络会找到所需的一切。

  本书不推荐任何的C#教材和工具书,并认为最好的老师其实是读者自己,最好的教材内容来自网络搜索,最好的学习方式就是动手编程(作者自学JAVA、VB、C#、Python,并做过一些实际项目,期间没有读过任何语法书籍,实践表明最快的学习方式就是一边搜索,一边动手编程)。

  一个快速的学习方法,是上网下载别人编写好的软件(CSDN或者GitHub),观察源代码,理解原有代码,尝试修改并观察变化。比如可以用这种方法做一个带频谱分析功能的MP3播放软件。

小作业:使用C#编写一个属于自己的有实际功能的软件。

第 9 讲

电路板设计及制作

9.1 概 述

这一讲,将带领大家学习电路板的设计及制作。电路板设计的内容是教大家在完全没有接触过电路板设计的情况下快速入门,掌握使用软件设计一块电路板的基本方法;电路板制作主要是教大家如何正确地将设计完毕后的电路板发送给厂家并制作出正确的电路板。

本书将以恩智浦 K60 单片机最小系统的绘制为例,教大家如何制作一块属于自己的电路板。本书读者应具有基本的电路知识和完善的高中物理知识,书中并不涉及高深的理论知识。在阅读的过程中,有些名词不了解的,网络搜索一下,即可快速掌握。

9.2 PCB 技术综述

PCB 是 Printed Circuit Board 的简称,即印刷电路板,或者叫作印制电路板。PCB 的主要功能是固定各种零件,并提供其上各个零件的相互电气连接,实现电路功能,如图 9-1 所示。

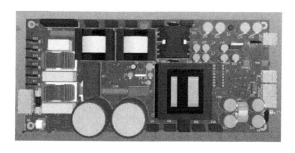

图 9-1 PCB 的 3D 视图

PCB 是由绝缘介质隔开的各覆铜层组成,在覆铜层上利用化学或物理的方法蚀刻制作出铜布线图案,板上制作出内壁镀有金属的通孔用于焊接零件引脚、连通位于不同覆铜层的铜线、机械固定等。PCB 两面覆盖在覆铜层上的绿色或是棕色,是阻焊漆的颜色。这层是绝缘的防护层,阻焊漆可以阻止焊锡附着在覆铜上,也可以保护铜线免受其他侵蚀。在阻焊层上另外会印刷上一层丝(网)印(刷)面(silk screen)。通常在这上面会印上文字与符号(大多是白色漆),以标示各零件在板子上的位置,便于装配、焊接和调试等。丝印面也被称作 overlay,如 top overlay、bottom overlay。丝印层覆盖在其他所有物理层之上,一块板最多有两个丝印层。

电路板按层数分,有以下 3 种。单面板(Single - Sided Board):也称单层板,只有一层覆铜;双面板(Double - Sided Board):也称双层板,有两层覆铜;多层板(Multi - Layer Board):板内部夹有由绝缘介质隔开的若干个铜箔层,例如作为信号层(Signal)、电源层(Power)、地线层(Ground),用于增强信号质量、减小电路板占用面积等。

常见的电子元器件根据其在电路板上的固定形式不同可分为两类,分别是直插穿孔式(Through Hole Technology),表面粘贴式(Surface Mounted Technology),如图 9 - 2 所示。

图 9 - 2 直插穿孔式与表面粘贴式元件

直插穿孔式封装的元件,需要占用大量的空间,并且要为每只引脚钻一个孔。引脚其实占掉两面的空间,而且焊点也比较大。安装的时候,元件引脚从孔中穿过,在元件的另一侧将引脚焊接到板上。

表面粘贴式封装的元件,元件引脚焊在元件的同一面,钻孔数量较少,体积小,占用空间少。

9.3 Altium Designer 入门

设计电路图的软件在市面上有很多种,比如 AltiumDesigner、Mentorpads、Allegro、easyeda 等。其具体操作方法不同,但原理都是相通的,本书以 Altium Designer 09 作为例子进行讲解,并希望读者在阅读后能具有融会贯通的能力,快速上手其他类型或其他版本的 EDA 软件。(强烈建议读者安装英文原版,有助于专业词汇的提升和英文数据手册的阅读。)

Altium Designer 是一款来自澳大利亚 Altium 公司的商用电子产品开发软件，主要运行在 Windows 操作系统。这套软件通过把原理图设计、电路仿真、PCB 绘制编辑、拓扑逻辑自动布线、信号完整性分析和设计输出等技术融合在一起，使设计者可以轻松进行设计。

安装并打开 Altium Designer 09，选择 File→New→Project→PCB Project 菜单项，新建一个 PCB 工程，如图 9-3 所示。在 Project 选项卡中可以看到我们的工程，图标是红色时代表还没有保存，当单击"保存"按钮时，系统会询问保存时的文件名和保存的目录。

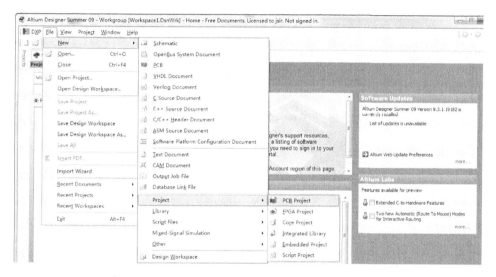

图 9-3 新建工程

接下来对新建的工程插入 4 种最重要的文件，分别是 Schematic、PCB、Schematic Library、PCB Library，如图 9-4 所示。方法是右击工程名称，然后在弹出的快捷菜单中选择 Add New to Project，选择要添加的文件类型，每次添加一种类型的文件，添加完成后，便在工程中得到 4 个新的文件。系统自动将 Library 类型的文件归入了 Library 文件夹。单击 Save Project 保存工程，将工程的所有文件都保存进同一个文件夹内，保存的过程中可以重命名。现在对这四种文件介绍如下。

Schematic：原理图，用于绘制电路板的原理图。绘制的方法是将原理图库中电子元器件的原理图符号（比如用平行的两条线表示电容）进行电气连接的标注（即表明哪些器件的哪些引脚是相连的）。设计完成后的原理图用于自动生成 PCB 文件中的元器件连接关系。

PCB：用于设计电路板的布局和实际的电气连接关系，设计完成后的 PCB 图与最终加工成形的电路板完全相同。

Schematic Library：原理图库，用于存放各种不同元器件的原理图符号，可以自行绘制，也可以在网上下载网友已绘制完成的库，或者和朋友们共享绘制完成后的库。通常每个老工程师都会积攒大量的原理图库。

PCB Library:PCB 库,用于存放各种电子元器件的封装文件。封装指的是某个具体元器件在电路板上焊接时的具体表现形式,比如常见的贴片电容通常是两个焊盘,四周有一个与电容尺寸相同的黄色的框。

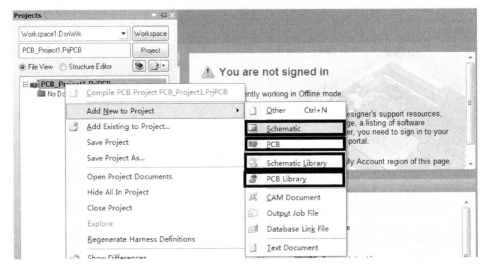

图 9-4　插入工程必备的文件

先试着进行一些基本的操作。Altium Designer 提供了一些最常用的元器件和接插件的原理图库及封装库,通过选择 File→Open 菜单项,找到 AD9 的安装目录,找到如图 9-5 所示的两个文件,一个是接插件,另一个是元器件。这里选择 Miscel-

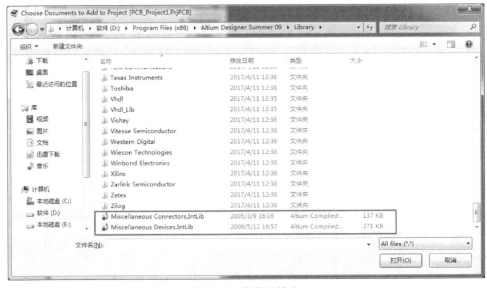

图 9-5　最常用的库

laneous Devices. Int Lib,然后选择 Extract Sources,可以看到我们得到了一个原理图库和一个 PCB 库,将这两个文件拖拽进我们自己的工程中去。

单击软件右下角的 System,选择 Library。找到刚才添加的原理图库,如图 9-5 所示,然后在原理图库中随便拖拽几个原理图符号到 sheet1.SchDoc 文件中来,这个文件此时就像是一张画布,任由我们发挥。在菜单栏中选择 Place→Place Wire 菜单项,然后用鼠标连接元器件的引脚,就可以形成基本的原理图了,这里的 Wire 指的是电气连接。

如图 9-6 所示,绘制一个简单的电路原理图,由电池、电阻、三极管、蜂鸣器这四个元器件组成,构成了一个简单的蜂鸣器驱动电路。在绘制的过程中需要注意:当拖动器件时,按的 x、y 键可以进行水平、垂直镜像变换,按空格键可以进行 90°的旋转。在软件的菜单栏里有一个网格样式的图标(如图 9-6 右上角方框内所示),是用来调节栅格的,单击该图标,选择 Set Snap Grid 可以设定栅格的大小,栅格大小规定了拖动器件时移动的距离,移动距离太大会难以精确操作,移动距离太小会导致移动过慢,通常我们会设定为 5 或 10 mil(AD 中常用的尺寸单位是 mil,读音"弥尔",1 mil=1/1 000 inch=0.025 4 mm)。

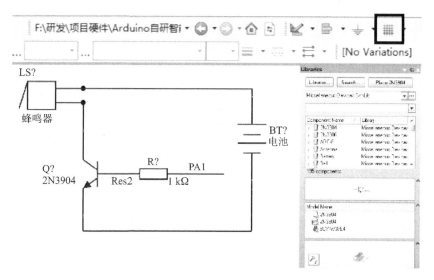

图 9-6 原理图的简单操作

接下来需要熟悉一下元器件的各个属性。双击图 9-6 中的电阻 R?,会打开一个叫作 Component Properties 的对话框,这个页面显示了器件的全部属性。如图 9-7 所示,需要关注的是图中标示框内的三个部分。在 Properties 选项组中,Designator 是器件的标号,是全图唯一的标识,不可重复;Comment 可以理解为一种备注,是帮助画图者迅速理解器件用途或种类的,这个参数通常用于填写器件的型号(比如 AMS1117-3.3 代表 3.3 V 输出的三端稳压芯片)。

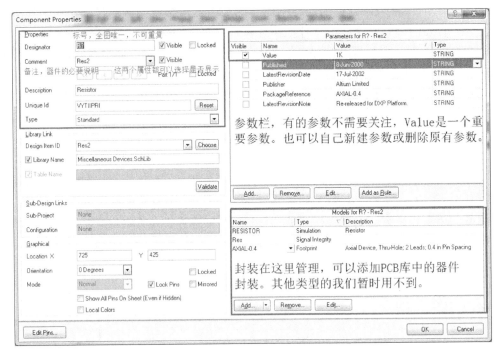

图 9-7 属性页面

右侧的 Visable 可以选择显示或隐藏,根据绘图者的习惯自行定义,不过通常都会显示这两个参数。右上角的 Parameters for R?-Res2 中是器件的各个参数,其中 Value 参数是比较重要的,用于输入电阻、电容等器件的具体值(比如电容可以写成 10 μF/25 V,分别是电容的容值和耐压值),在最后生成 BOM 单时比较方便。(BOM 单即材料清单,通常用于电路板制作时提交给采购人员,在 Report 选项卡中选择 Bill Of Material 即可生成。)

刚才讲过,器件的 Designator 是全图唯一的识别号,是不能重复的。然而人工标号的时候,难免会出现重复的情况,因此可以使用软件的自动标号功能。在 Tools 选项卡中选择 Annotate Schematics 或者 Annotate Schematics Quickly,都可以完成这一任务。

接下来根据刚才绘制的简单的原理图,试着生成一张 PCB,在左侧的 Project 选项卡中双击 PCB1,可以看到目前是黑色的,还没有加入任何内容;切换到 Design 选项卡,然后单击 Import Changes From,系统会自动弹出更改的浏览页,让我们可以清晰地看到做了哪些更改。然后单击 Execute Changes 按钮即可,如图 9-8 所示。

单击 Execute Change 按钮后,生成的 PCB 文件如图 9-9 所示,可以看到生成了各个元器件的封装和它们的引脚连接关系,图中白色的线代表了引脚间的电气连接。到了这一步,我们就可以按照需求对器件进行摆放和布局,然后将各个有电气连接的引脚连接起来。器件下部的框没有什么用处,选中并删除即可。

电路板设计及制作

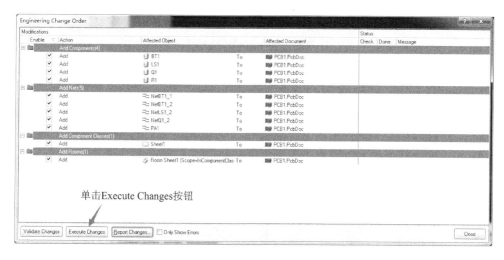

图 9-8　改动浏览

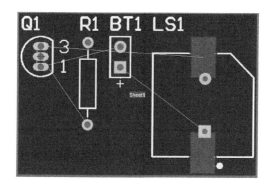

图 9-9　元器件

接下来在快捷方式中找到如图 9-10 所示的图标进行手工布线,鼠标长时间放置时会显示"Interactively Route Connections",单击此按钮后,鼠标会变为布线状态,然后单击要连接的两个引脚,即可完成布线。

根据白色线的电气连接提示,完成布线,如图 9-10 所示。

在布线的过程中(线连了一个焊盘,还没连接另一个),按 Tab 键,可以打开导线的属性界面,在这个界面中可以调整线的粗细,单位默认是 mil,如果想切换为 mm,可以按 Q 键,如图 9-11 所示。

如果想知道任何地方的尺寸,这时按 Ctrl+M 快捷键,就可以得到一把尺子,单击要测量的头和尾,会自动得到长度,长度的单位使用 Q 键来切换。按数字键 2 和 3,可以在 2D 和 3D 视图之间切换,如果每个器件都载入了 3D 的封装库文件,就可以模拟出真实制作出的电路板的效果图了。

接下来,有必要补充一个重要的知识点,即 AD 软件中的一个重要的概念:图层,

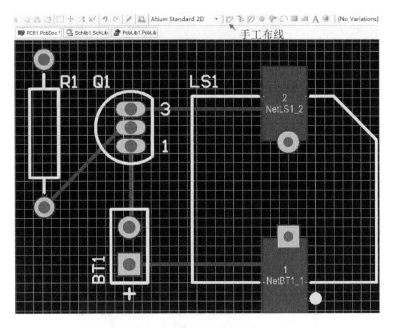

图 9-10 简单的布线

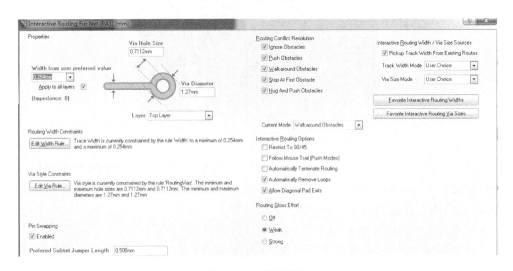

图 9-11 导线属性

通过图层来管理一张电路板，会带来很多便利。当双击.PcbDoc 文件时，图层管理页面会出现在软件的最下方，在任一图层选项卡上右击，可以出现很多功能选择，选择"Layer Display Options"，该选项可以更改显示模式为单层模式或多层模式，默认为多层模式，即将所有层的内容同时显示在图中，切换至单层模式，单击 Single Layer Mode，然后跟随接下来的图层描述来逐一观察这几个层。

① 机械层是定义整个 PCB 板的外观的，其实在说机械层的时候就是指整个

PCB 板的外形结构。禁止布线层是定义在布电气特性的铜边时的边界,也就是说先定义了禁止布线层后,在以后的布线过程中,所布的具有电气特性的线是不可能超出禁止布线层的边界的。

② Top Overlay 和 Bottom Overlay 是定义顶层和底层的丝印字符,就是一般我们在 PCB 板上看到的元件编号和一些字符。

③ Top Paste 和 Bottom Paste 是顶层、底焊盘层,它就是指可以看到的露在外面的铜箔,比如在顶层布线层画了一根导线,这根导线在 PCB 上所看到的只是一根线而已,它是被整个绿油盖住的,但是在这根线的位置上的 Top Paste 层上画一个方形,或一个点,所打出来的板上这个方形和这个点就没有绿油了,而是铜箔。

④ Top Solder 和 Bottom Solder 这两个层刚好和前面两个层相反,可以这样说,这两个层就是要盖绿油的层:因为它是负片输出,所以实际上有 Solder Mask 的部分实际效果并不上绿油,而是镀锡,呈银白色! 因此就实际的效果来说与 Paste 层效果差不多,都是作用在焊盘上。Solder 是露出焊盘,Paste 是用于在焊盘上贴锡膏。另外 Paste 层主要是用于 SMD(表贴)元件的焊盘。

⑤ Signal Layer(信号层):信号层主要用于布置电路板上的导线。包括 Top Layer(顶层)、Bottom Layer(底层)和 30 个 Mid-Layer(中间层)。

⑥ Internal Plane Layer(内部电源或接地层):该类型的层仅用于多层板,主要用于布置电源线和接地线,我们一般根据信号层和内部电源或接地层的数目,分别称其为双层板、四层板、六层板。

⑦ Mechanical Layer(机械层):它一般用于设置电路板的外形尺寸、数据标记、对齐标记、装配说明及其他的机械信息。这些信息因设计公司或 PCB 制造厂家的要求而有所不同。执行菜单命令 Design→Mechanical Layer 能为电路板设置更多的机械层。另外,机械层可以附加在其他层上一起输出显示。

⑧ Solder Mask Layer(阻焊层):在焊盘以外的各部位涂覆一层涂料,如防焊漆,用于阻止这些部位上锡。阻焊层用于在设计过程中匹配焊盘,是自动产生的。软件提供了 Top Solder(顶层)和 Bottom Solder(底层)两个阻焊层。

⑨ Paste Mask Layer(锡膏防护层,SMD 贴片层):它和阻焊层的作用相似,不同的是在机器焊接时对应的表面粘贴式元件的焊盘。软件提供了 Top Paste(顶层)和 Bottom Paste(底层)两个锡膏防护层。主要针对 PCB 板上的 SMD 元件。如果板全部放置的是 Dip(通孔)元件,这一层就不用输出 Gerber 文件了。在将 SMD 元件贴 PCB 板上以前,必须在每一个 SMD 焊盘上先涂上锡膏,涂锡用的钢网一定需要这个 Paste Mask 文件,菲林胶片才可以加工出来。Paste Mask 层的 Gerber 输出最重要的一点要清楚,即这个层主要针对 SMD 元件,同时将这个层与上面介绍的 Solder Mask 进行比较,弄清两者的不同作用,因为从菲林胶片图中看这两个图很相似。

⑩ Keep Out Layer(禁止布线层):用于定义在电路板上能够有效放置元件和布线的区域。在该层绘制一个封闭区域作为布线有效区,在该区域外是不能自动布局

和布线的。

⑪ Silkscreen Layer(丝印层)：丝印层主要用于放置印制信息，如元件的轮廓和标注，各种注释字符等。软件提供了 Top Overlay 和 Bottom Overlay 两个丝印层。一般情况下，各种标注字符都在顶层丝印层，底层丝印层可关闭。

⑫ Multi‐Layer(多层)：电路板上焊盘和穿透式过孔要穿透整个电路板，与不同的导电图形层建立电气连接关系，因此系统专门设置了一个抽象的层——多层。一般情况下，焊盘与过孔都要设置在多层上，如果关闭此层，焊盘与过孔就无法显示出来。

⑬ Drill Layer(钻孔层)：钻孔层提供电路板制造过程中的钻孔信息(如焊盘、过孔就需要钻孔)。软件提供了 Drill Gride(钻孔指示图)和 Drill Drawing(钻孔图)两个钻孔层。

掌握了以上知识，对图层就有一个概念了。通常绘制的电路板，以两层板居多，两层板是最常见的电路板，也是新手学习的基础。两层的板的概念比较好掌握，即在 Top Layer 层可以走一部分连接线，当遇到两线交叉时，可以通过使用过孔，让交叉的部分从正面转至背面，在 Bottom Layer 层导通，过孔的结构是在一个洞中镶嵌了一层铜，用于上、下层导线的导通，如图 9‐12 所示。

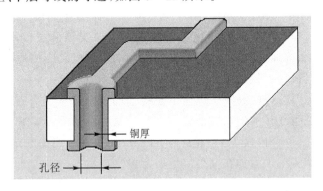

图 9‐12 过 孔

接下来修改一下 PCB，为其添加过孔和下层连接线。如图 9‐13 所示，是软件最上方的快捷方式，如果没有的话，单击 Place 选项，也能找到相同的功能。图中框中的部分，第一个是手动布线，第二个是过孔，第三个是覆铜，第四个是添加文字，我们都会逐渐用到。

图 9‐13 快捷方式

将刚才绘制的 PCB 中的一条线删除(选中后按 Delete 键)，然后使用手动布线功能，先绘制一条红色的线，然后右击或者按 Esc 键取消手动布线功能，选择过孔，在红色的线上添加过孔，接下来在软件的底部选择 Bottom Layer，如图 9‐14 所示，再使用手动布线功能,就可以画出蓝颜色的线,在过孔上画一条蓝色的线,然后切换至过孔功能,在蓝色线的端部打一个过孔。这样,两个过孔,一端底部的线,像一座"桥梁"横跨在要越过的红色的线上,就可以解决导线交叉的难题了。

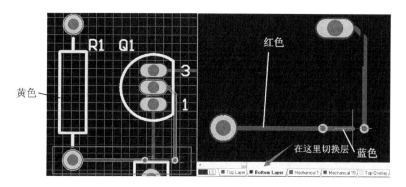

图 9-14　使用过孔在底部走线

使用添加文字功能可以为电路板添加文字,即图 9-13 所示的图标为"A"的快捷键。通常将文字添加在 Top Overlay 这一层,也就是丝印层,图 9-14 中用黄色表示的这一层,这一层的内容最终会以油膜的形式被印刷在电路板的表面。当然,文字也可以添加在 Top Layer 或者 Bottom Layer 上。

那么完成以上功能后,应该给 PCB 绘制一个边缘来规定 PCB 的形状,无论是圆形电路板、方形电路板、异形电路板,总要预先设计好了,在最终的制作和加工中,才能达到想要的形状。在快捷方式中找到如图 9-15 所示的绘图工具箱,利用工具箱里的工具,在 Keep Out Layer 层画一个圆(这一层用于规定电路板的外形,制作时会根据这一层的线来切割),作为 PCB 的外形。首先切换到 Keep Out Layer 层,选择 Place Full Circle Arc 工具,所有元器件的最外层画一个圆,选中它。单击 Design 下拉列表,切换到 Board Shape 选项卡,选择 Define From Selected Object。

按一下键盘上的 3,就可以浏览我们画的第一个练习用的小电路板,如图 9-16 所示。

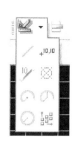

图 9-15　绘图工具箱

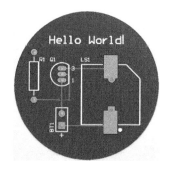

图 9-16　练习用的 PCB

9.4 原理图库

通过上一节的讲解,同学们应该已经理解了 PCB 绘制的套路:先在草稿纸上绘制好自己要画的原理图(或者找一张可借鉴的原理图),然后在.SchDoc 的原理图文件中,使用原理图库中的元件符号,对元件符号进行连接,形成一张完整的带有电气连接的原理图;对原理图中的元件添加封装;生成 PCB;PCB 布局;PCB 布线;检查,最终完成 PCB。

读到这里,同学们应该已经发现了,想要绘制功能完善、外表美观的原理图,必须拥有完善的原理图库。那么,该如何拥有属于自己的原理图库呢?通常,通过向师兄索取,上 CSDN 下载,同学之间互传,可以拥有一批别人已经绘制好的原理图库,可以把库中的元件符号复制粘贴到自己的库中。但是,无论如何收集,也难免会遇到一些库中没有的元件符号(因为电子器件的发展日新月异),这个时候,最快捷的办法就是自己绘制了。因此,通过外界收集和自己绘制两种方法,便可以逐渐地积攒属于自己的原理图库了。

首先,一起来熟悉一下关于原理图库的几个重要概念。
- 原理图库:用于绘制原理图的元件符号的集合,后缀名是.SchLib。
- 元件符号:主要包含引脚、原件图形、元件属性等内容,用于绘制原理图。
- 引脚:元件的电气连接点,是电源、电气信号的出入口,它与 PCB 库中元件封装中的焊盘相对应。
- 元件图形:用于示意性地表达元件实体和原理的无意义的绘图元素的集合,通常在形状上与真实元件相似。
- 元件属性:元件的标号、注释、型号、电气值、封装、仿真等信息的集合。

要使用一个原理图库,首先要将这个原理图库添加进工程(Project)中,右击工程名,在弹出快捷菜单中选择 Add Existing to Project 选项,再选择要添加的库文件即可。然后双击新添加的原理图库,就可以进入如图 9-17 所示的界面,界面的右侧出现的 SCH Library,是原理图库管理面板(如果没有自动弹出,在右下角单击 SCH,选择 SCH Library 即可)。在管理面板中由上到下,分别是元件列表、元件别名、引脚列表、封装列表、供应商列表、订购列表。其中,元件列表是最常用的,罗列并提供了对元件的放置、新建、删除和编辑功能。

当自行制作新的元件符号时,在元件列表下方单击 Add 按钮,然后给元件符号起个名字,比如"AMS1117-3.3 V",软件会自动跳转到一个新的绘制元件符号的界面。在绘图区的空白处右击,在弹出的快捷菜单中选择 Place 后,可以找到用于绘图的所有工具。根据图 9-18 所示的 AMS1117,先给它绘制一个元件符号。首先绘制一个矩形,并添加三个引脚。在添加引脚时要注意,不需要与数据手册中的原理图完全一致,而是应该统一遵循"左进右出,电源在上端,地在下端"的规范,这样在绘制原

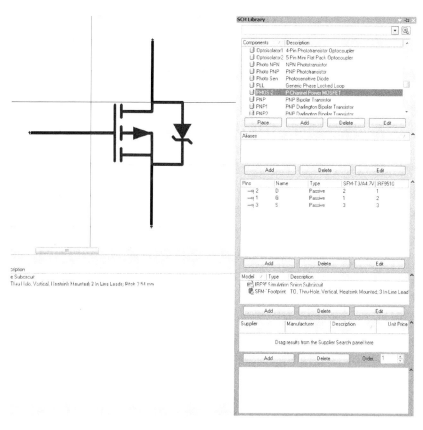

图 9-17 SCH Library

理图时,会提供许多方便。接下来修改引脚的 Display Name 和 Designator,使其与数据手册中的原理图相吻合。绘制完成的元件符号如图 9-19 所示。

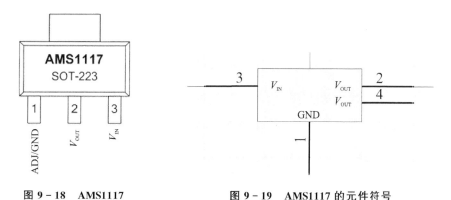

图 9-18　AMS1117　　　　　　图 9-19　AMS1117 的元件符号

单击软件左上角的"保存"按钮,即可完成新元件符号的绘制工作。无论是多么复杂的电子元器件,都可以用以上方法绘制其元件符号,而且元件符号的绘制方法并不唯一,根据具体的需求进行绘制即可。

9.5 PCB 库

在原理图文件绘制完成后,接下来要对原理图中的每个元件添加封装,会用到封装库文件,和原理图库一样,可以通过网络下载、朋友分享、自己绘制等方法获得 PCB 库,用于自己的电路板的绘制。下面,需要熟悉一下 PCB 库的几个概念。

> PCB 库:用于 PCB 绘制的元件封装的集合,后缀名为 .PcbLib
> 元件封装:元件在 PCB 中的表现形式(焊盘尺寸和排列、外形边框示意图和一些辅助装配的信息),主要包含顶层、底层、穿透的焊盘和丝印层的简单图形等。
> 焊盘:PCB 中的电气连接点,与原理图库中元件的引脚相对应,一般包含多个层的信息,如一个穿孔式焊盘可能包含多层(顶层、底层、所有的内层和内电层)、阻焊层、孔定位层、孔型层和机械层的信息。
> 过孔:穿透 PCB 介质用于连接两个或多个电气布线层或内电层的导电的孔,根据贯穿形式又分为通孔、盲孔、埋孔。在普通的双层板中,通常只用到通孔。

双击一个 PCB 库文件,可以打开 PCB 库管理面板,如果没有自动弹出,在软件右下角单击 PCB,选择 PCB Library 即可。如图 9-20 所示,右侧的 PCB Library 菜单中,由上至下,分别是用于查找器件的搜索栏、封装列表、元素列表、预览区。在封装列表中,提供封装的创建、删除和编辑功能。

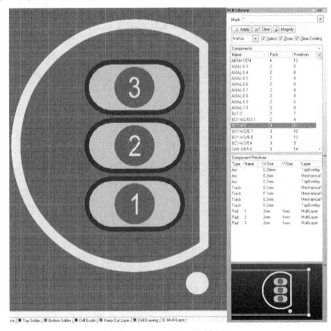

图 9-20　PCB 库管理

AMS1117-3.3 V 的封装是 SOT-223,在它的数据手册上找到它的尺寸图。可以像画原理图库中的元件符号一样,自己手工完成元件封装的绘制,也可以在网上搜索一下 SOT-223 的建议画法,然后核对一下是否与数据手册中的尺寸相同即可。如图 9-21 所示,是在网上搜到的 SOT-223 的封装图,左侧的尺寸是官方数据手册提供的,右侧的画法是网友的建议画法,可以参考一下。

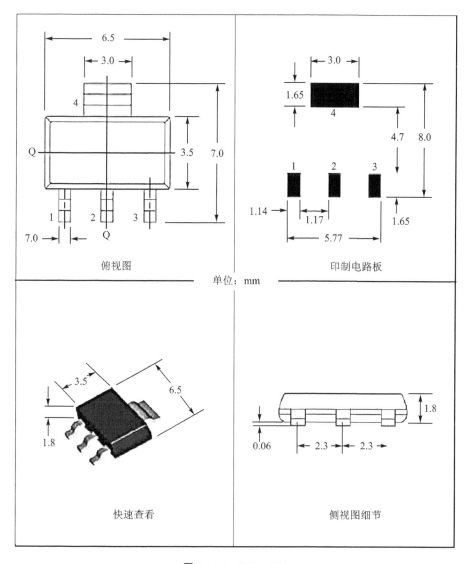

图 9-21 SOT-223

在 PCB 库管理器的 Component 界面右击,在弹出的快捷菜单中选择 New Blank Component,在 PCB Library 中会出现一个新的封装,双击它,可以为它修改名字。在绘制 SOT-223 封装时,在绘制界面中右击,在弹出的快捷菜单中选择

Place,放置焊盘(pad),双击放置的焊盘,修改 Shape 选项,调整它的形状为矩形,并按照上图中的尺寸来修改矩形的长和宽,最后修改 Designator。这里一定要注意,Designator 的序号必须严格与数据手册中引脚排布顺序一致,否则会出现无法正确焊接的情况。如果单位不是毫米(mm),按 Q 键切换即可。由于 SOT-223 是粘贴封装,焊盘上不需要打孔,因此,需要按在 Properties 中将 Multi-Layer 修改为 Top Layer(Multi-Layer 适用于直插封装的器件)。

图 9-22 所示是绘制完成后的 SOT-223,图中间的方框线是使用 Place 功能中的 Line 选项画出的,将画出的线调整在 Top Overlay 即可。

还有另一种绘制元件封装的方法,在 Tools 选项卡中选择 IPC Footprint Wizard,再选择 Next,对列表中列出的所有封装类型,都可以自动快速生成。比如,选择 SOT-223,然后单击 Next 按钮,根据数据手册中查到的元件尺寸,填写各个参数,然后一路单击 Next 按钮即可,最后单击 Finish 按钮,即可自动生成

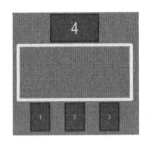

图 9-22 SOT-223

我们要的封装,如图 9-23 所示。这样不仅比手工绘制的要快和好,还自动生成了 3D 封装(按键盘上的 3 可以预览),如图 9-24 所示。

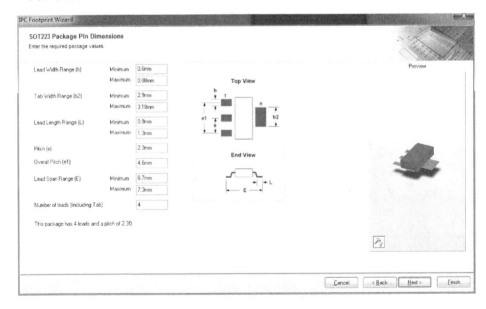

图 9-23 智能封装

图 9-24 自动生成的封装

9.6 单片机最小系统 PCB 绘制示范

下面以恩智浦公司的 MK60DN512ZVLQ10 单片机最小系统为例,讲解绘制 PCB 的完整的流程,同学们今后使用到的芯片千差万别,但是流程都是相同的。希望同学们可以找一个自己手边的小项目,跟随本文,尝试绘制一个 PCB 的完整流程。

(1) 准备原理图库

在开始使用 Altium Designer 绘制 PCB 之前,要先得到原理图,也就是要先清楚芯片、电子元器件的用法,它们之间的连接关系。当使用软件开始画图时,只是把预先已经在草稿纸上(也有可能是脑海中)设计好的原理图誊在软件中而已,也就是说,软件仅仅帮助进行电路板的快速设计。

那么同学们可能会迷惑了,原理图到底该如何获得呢?这里需要说明一下。通常,购买一个芯片后,在它的官网可以下载一个叫作"DataSheet"的文档,在这个文档中,根据不同的使用情况,会给出多种示范性的原理图,这就是一个最好的参考了,只需要模仿官方的原理图,将其绘制在软件的工程中的原理图文件中即可。当然,可以参考前人已经绘制完毕的原理图(单片机的数据手册中往往不包含推荐电路图,但是在官方网站上或官方的中文论坛中,通常可以找到一些应用案例,其中有可以用于参考的原理图)。

根据找到的可以参考的原理图,可以分析得出需要用到的各种芯片和元器件,然后根据所用的元器件,在已有的原理图库中找到合适的元件符号,对于实在找不到的,可以自己动手绘制。最终,将所有用到的元件符号放进同一个原理图库中即可。在这一步中,难免会有些遗漏,在下一步绘制原理图的时候,发现有缺失的元件符号,再进行添补,也来得及。

图 9-25 所示,是为绘制 K60 最小系统所准备的所有的元件符号的原理图库。

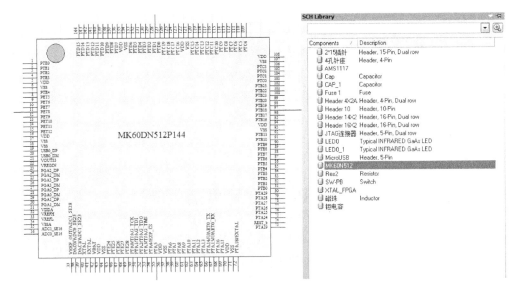

图 9-25 原理图库

(2) 绘制原理图

参考网络上多张已经绘制完毕的原理图,博采众家之长,绘制一个 K60 的最小系统原理图,如图 9-26 所示。

(3) 编译并改正错误

完成原理图的绘制后,需要对原理图进行编译。单击软件上部菜单栏内的 Project 按钮,选择 Compile Document 或者 Compile PCB Project,两个选项一个是编译当前的原理图文件,另一个是编译整个工程,如果工程中有多张原理图,建议选择编译整个工程。编译结果的查看方式:在右下角单击 System 按钮,选择 Messages。系统会将编译过程中遇到的问题以 Error 和 Warning 的形式展现,Error 是必须修正的错误,通常是有遗漏的电气连接或者电气连接错误。

(4) 添加封装

接下来需要对原理图中的元件符号添加封装,以便于软件能够自动地导出一个 PCB 文件,在导出的文件中包含了各个器件的封装和引脚的连接关系。

在 PCB 库这一讲中,已经讲过了如何获得合适的器件封装。这里需要提醒的是,有时同一个器件会出现多种不同的型号,封装也不尽相同,尤其是电阻、电容等器件,这时需要根据使用时的功率、耐压等具体要求进行合理的选择。

为元件符号添加封装有两种办法:一种是双击某个元件符号,在右下角的 Model 中单击 Add 按钮,然后选择封装库中合适的封装;另一种办法是在菜单中选择 Tools,然后选择 Footprint Manager,对封装相同的元件进行批量添加,如图 9-27 所示。

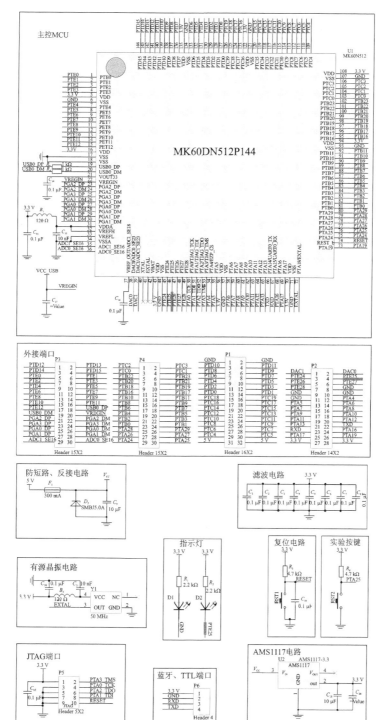

图 9-26 单片机最小系统

图 9 - 27　添加封装

(5) 导出 PCB

完成原理图绘制和封装添加后，接下来切换到 PCB 文件界面，将原理图中的内容转换为 PCB 中的封装及其连接关系（如果工程中还没有 .PcbDoc 文件，新建一个即可）。这里需要注意，PCB 文件和要导入的原理图文件应该名称相同。

图 9 - 28 所示是导出成功后的 PCB 文件，白色的线代表封装引脚之间的连接关系，底部的色块叫作 Zoom，表示这些封装位于同一张原理图，没有什么实际用途，选中并删除它即可。

图 9 - 28　导出的 PCB

(6) 布　局

接下来需要根据器件的实际摆放位置，对各个元件封装进行摆放，这一工作称作布局。在布局的过程中，需要遵循一些基本的原则，比如元件引脚间的连线应该尽量短，以减少导通电阻，提高 EMI/EMC 指标；滤波电容应该尽量接近器件的引脚；布局时要考虑到导线进行较少交叉重叠等。

图 9 - 29 所示是完成布局后的 PCB，并在 Keep Out Layer 上绘制了电路板的外边缘，在 Top Overlayer 绘制了一些标识。由于最小系统板的尺寸必须做到尽量小，因此在背面，也就是在 Bottom Layer 进行了布局（左键拖住一个封装，按 L 键切换其所在层），也就是说，在电路板的背面需要焊接一些元器件。但是，如果没有特殊需求，强烈建议同学们不要在背面布元器件，因为这会增加焊接的难度，同时也有可能容易损伤背面的器件，或者出现背面金属导致短路的情况，如果再考虑到机器焊接，双面布件的成本和工时都会翻倍。其实，只要布局合理，单面电路板完全可以放得下大量的元器件，并拥有美观、高集成度的表现。

(7) 布　线

接下来需要对电路板进行布线，使用红色（Top layer）和蓝色（Bottom layer）的

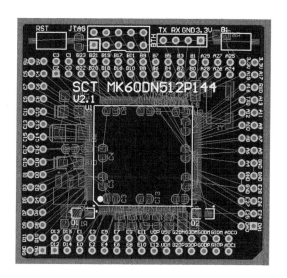

图 9-29 布局后的 PCB

线,以及连接两层的过孔,完成整张 PCB 的布线工作。切换线所在的层的方法、在软件下方的层选项卡中,选中所要布线的层。这里需要注意,对于两层板而言,通常在普通的布线中,不会对 GND 进行连接,而是等待其他所有电气连接完成后,使用覆铜的功能来完成 GND 的连接,这种方式也叫作"铺地"。关于铺地的好处,网上有大量的论述,大家自行搜索即可。

图 9-30 所示是已经完成了初步布线的 PCB,在布线的过程中,软件有一些规则需要设定,比如:默认的线宽是多少?线与线之间的最小间隙是多少?默认的过孔直径是多少?在菜单栏中的 Design 中选择 Rules,即可打开规则设定界面,如图 9-31

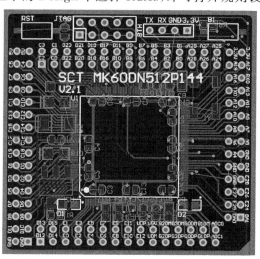

图 9-30 布线后的 PCB

所示,乍一看规则众多,其实有大部分的规则是不需要设定的,有少部分规则较为常用,规则设定中的各项描述还算清晰,同学们自行阅读并尝试修改即可。

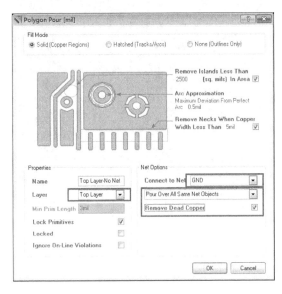

图 9-31　铺地规则

接下来可以对 GND 进行连接了,在菜单栏中打开 Place 菜单,选择 Polygon Pour 菜单项,在 Layer 右侧下拉列表框中选择 Top Layer 或者 Bottom Layer,在 Connect to Nets 右侧下拉列表框中选择这块铜皮的电气连接,这里选择 GND,然后在下面的下拉列表框中选择 Pour Over All Same Net Objects,并选中 Remove Dead Copper(死铜是没有电气连接的孤岛),然后单击 OK 按钮,用鼠标绘制出要铺的区域(这里直接画一个比整个电路板外尺寸更大的矩形即可),这样软件会自动在电路板正面加一层铜皮,并自动连接所有的 GND 引脚。在下层也进行同样的工作,使用 GND 进行覆铜,最后,再使用过孔,布置在没有导线干扰的覆铜区域,增强上、下层之前 GND 的连接。这样,就完成了铺地的工作,如图 9-32 所示。

(8) 规则检查

所谓规则检查,就是按照我们设定的规则,即刚才提到的 Rules 选项卡中的各项规则进行检查,电路板中任何不符合规则的行为,都会被检查出来,并显示在 System-Messages 中以便改正。在这一步中,有时规则是合理的,我们便修改自己的布局、布线;有时我们认为自己的行为是合理的,比如我们能够接受导线间的距离小于 10 mil,那么我们就修改 Rules,使其满足我们的实际行为。

规则检查的方法是,执行菜单命令 Tools-Design Rule Checker,如图 9-33 所示。这里需要注意的是,违规超过一定的数量,系统便不再检查新的违规了。因此,为避免有些重要错误没有被检查出来,需要一边检查,一边更正错误,直到最后违规和警告的数据均为零。

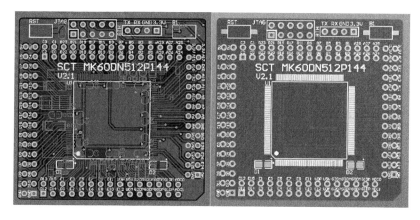

图 9-32 铺地后的 PCB

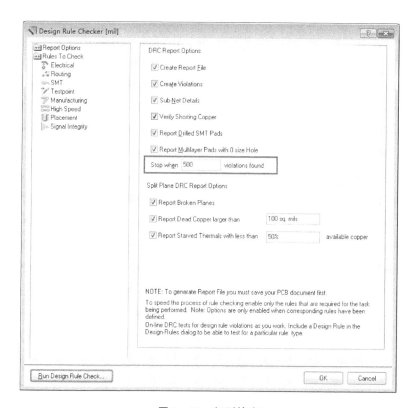

图 9-33 规则检查

(9) 制作 PCB

接下来就是制作 PCB 了,通常和厂家下 PCB 订单的时候,要用到一种 Gerber 文件,这种文件包含了 PCB 厂家制作菲林、打孔等工序所需的所有资料,且具有保密性,可以避免直接将可编辑的 PCB 文件发送给厂家。使用 AD 软件即可直接快速生成 Gerber 文件,由于方法过于简单,这里不再赘述,同学们自行网络搜索并跟随步骤进行即可。

另外一个要说明的问题是,绘制完成后的 PCB,需要为其采购相应的元器件,才能够正确地完成焊接,还需要元器件型号和电路板上标号的对应关系来指导焊接,这时就用到了软件的 BOM 功能。

首先切换至原理图文件,打开 Reports 菜单,选择 Bill of Materials 菜单项即可打开 BOM 管理器,如图 9-34 所示。首先选择要在 BOM 中显示的列,通常选择图中显示的 5 列即可,一定要标明器件的标号、详细型号、封装、参数和数量,如果在管理器中预览觉得有些参数需要调整,再回到原理图中双击相应的元件符号,打开属性页面进行修改即可。最后使用 Export 功能,可以生成 Excel 格式的文件,将这个文件发给元器件供应商或者对照 BOM 进行物料采购即可。在焊接的时候,也需要根据 BOM 中的对应关系来进行。

图 9-34 生成 BOM

9.7 Altium Designer 使用技巧

1. 常用功能

(1) 泪 滴

泪滴的作用:避免电路板受到巨大外力的冲撞时导线与焊盘或者导线与导孔的接触点断开,也可使 PCB 电路板显得更加美观。焊接上,可以保护焊盘,避免多次焊接导致焊盘的脱落,生产时可以避免蚀刻不均,过孔偏位出现的裂缝等。信号传输时平滑阻抗,减少阻抗的急剧跳变,避免高频信号传输时由于线宽突然变小而造成反射,可使走线与元件焊盘之间的连接趋于平稳过渡化。添加/删除泪滴的方法:执行菜单命令 Tools-Teardrops 或按快捷键 T+E。泪滴添加效果如图 9-35 所示。

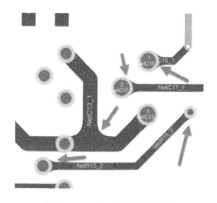

图 9-35 泪滴添加效果

(2) 自动排列

在 PCB 绘制的过程中，常常遇到一些相同或相似的器件需要摆放得更加美观的情况，希望能够将这些器件进行等间距排列，并按照某种规则对齐。这个时候可以使用工具栏中的 Alignment Tools 工具箱。该工具箱提供了左对齐、右对齐、居中对齐、等间距分布等功能，如图 9-36 所示。使用前需要先选中待对齐的对象。

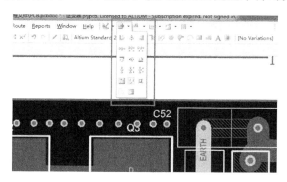

图 9-36 自动排列

(3) 查找相似对象

在 AD 中，可以使用查找相似对象功能，将同类器件的集体选中，然后批量修改所有选中对象的属性，可极大地提高工作效率。集体选中的方法：先选中一个标识符，右击，在选项表中选择 Find Similar Objects，然后就会出现一个对话框，在这个对话框中，有一些 any 项，如图 9-37 所示，根据自己的需要把一些 any 改成 same 就是把相同特点的部分选择出来了，当然改成的 same 越多，被选中的器件越少（约束条件增多）。最后单击 OK 按钮，就会发现有相同特征的选项已经被全部选中了。并且弹出 PCB Inspector 的对话框，然后修改自己所希望被修改的选项。

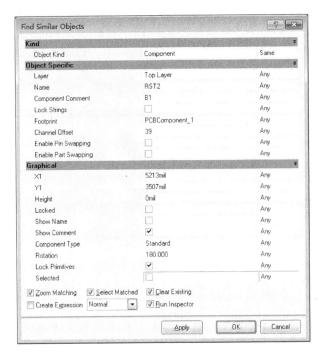

图 9-37　查找相似对象

2. 常用快捷键

常用快捷键见表 9-1。

表 9-1　常用快捷键

快捷键	功　能
Shift＋M	放大当前
U＋N	撤销走线
E＋D	去掉单条走线
T＋V＋B	选中挖空
Shift＋S	选中高亮突出显示
D＋S＋D	选择对象定义
Shift ＋空格	PCB 走线角度
Ctrl＋Pagedown	图纸充满屏幕
Ctrl＋点某线	选中 NET，当前线变亮，其他线变暗
Ctrl＋鼠标滚轮	放大缩小
P＋P	导入元器件
P＋N	添加 NET

续表 9-1

快捷键	功　能
C+C	项目编译
D+S+V	改变 PCB 板形状
D+M	原理图中所有器件建库
P+T	两 NET 间布线快捷键
P+L	布线快捷键
U+选 NET,点布线	删除 NET 之间的布线
L	调出 BORDLAYERS
P+D+L	量尺寸
双击器件,选底层	把元器件放到底层
Ctrl+拖拽	SCH 下连线跟着器件走
Shift+拖拽	SCH 下复制元器件
Shift+拖拽	推挤、穿过、靠近布线切换
Shift+A	调用蛇形走线,再按 1 和 2 键改变转角,按 3 和 4 键改变间距,按,和.改变宽窄
Ctrl+M	测量快捷键,按 Q 键在公制和英制之间切换
空格键	在交互布线的过程中,切换布线方向。这很常用
主键盘上的 1	在交互布线的过程中,切换布线方法(设定每次单击鼠标布 1 段线还是 2 段线)
主键盘上的 2	在交互布线的过程中,添加一个过孔,但不换层
组合按键	组合按键是指先按住第一个键不放,然后按下第二个键,再放开这两个键。组合键用+号表示,例如 Shift+S 表示先按住 Shift 键不放,然后按 S 键,再放开这两个键
Shift+S	切换单层显示和多层显示
Q	在公制和英制之间切换
Shift+空格键	在交互布线的过程中,切换布线形状
多次按键	先按下第一个键并放开,然后按下第二个键并放开,以此类推。多次按键用逗号","表示。多次按键有很多,但是完全可以自己找到。在 PCB 设计状态下,随便按下 A~Z 中的一个字母(第一次按键),便弹出一个与该字母相关的快捷菜单,菜单提示中的带下划线的字母便是第二次按键
J,L	定位到指定的坐标的位置。这时要注意确认左下角的坐标值,如果定位不准,可以放大视图并重新定位,如果还是不准,则需要修改栅格吸附尺寸。(定位坐标应该为吸附尺寸的整数倍)
J,C	定位到指定的元件处。在弹出的对话框内输入该元件的编号
R,M	测量任意两点间的距离

续表 9-1

快捷键	功 能
R,P	测量两个元素之间的距离
G,G	设定栅格吸附尺寸
O,Y	设置 PCB 颜色
O,B	设置 PCB 属性
O,P	设置 PCB 相关参数
O,M	设置 PCB 层的显示与否
D,K	打开 PCB 层管理器
E,O,S	设置 PCB 原点
E,F,L	设置 PCB 元件(封装)的元件参考点(仅用于 PCB 元件库)。元件参考点的作用：假设将某元件放置到 PCB 中，该元件在 PCB 中的位置(x、y 坐标)就是该元件的参考点的位置，当在 PCB 中放置或移动该元件时，鼠标指针将与元件参考点对齐。如果在制作元件时元件参考点设置得离元件主体太远，则在 PCB 中移动该元件时，鼠标指针也离该元件太远，不利于操作。一般可以将元件的中心或某个焊盘的中心设置为元件参考点
E,F,C	将 PCB 元件的中心设置为元件参考点(仅用于 PCB 元件库)。元件的中心是指该元件的所有焊盘围成的几何区域的中心
E,F,P	将 PCB 元件的 1 号焊盘的中心设置为元件参考点(仅用于 PCB 元件库)。CTRL+F:在原理图里同快速查找元器件

第 10 讲

机械结构调校及优化方法

随着智能车竞赛组别和各种传感器的增加,参赛选手们的控制方案日益丰富及车模质量的不断提高,智能车竞赛的机械部分仿佛显得越来越不重要了,然而事实并非如此。车模质量的提高是整体的提高,而并非是针对某一个人或某一支参赛队伍的能力的提高,因此,若想战胜对手取得优异的成绩,智能车的机械调校依然具有重要意义。

智能车的机械部分决定了智能车竞赛成绩的上限,控制方案就好比赛车手,机械结构就是赛车,虽然优秀的赛车手驾驶质量差一些的赛车仍然可以战胜驾驶优质赛车的普通人,但是大家都明白当赛车手的技术到达一定水准之后,决定比赛成绩上限的依然是赛车的质量。

10.1 "恩智浦"智能车竞赛车模种类

以第十四届"恩智浦"智能车竞赛为例,竞赛指定采用 6 种标准车模,分别用于 6 个竞速组和 2 个创意组。6 种车模中包括 2 种四轮车模和 2 种两轮直立车模。具体车模信息如表 10 - 1 所列。

表 10 - 1 车模信息

编 号	车模外观和规格	赛题组	供应厂商
B 型车模	舵机:540;电机:S450	四轮光电组	北京科宁通博科技有限公司

续表 10-1

编号	车模外观和规格	赛题组	供应厂商
C型车模	电机:RN-380;舵机:FUTUBA3010	双车会车组（限新C车模）	东莞市博思电子数码科技有限公司
D型车模	电机:RS-380	两轮直立组	东莞市博思电子数码科技有限公司
E型车模	电机:RS-380	两轮直立组	北京科宇通博科技有限公司
F型车模	电机:RS-380	三轮电磁组	东莞市博思电子数码科技有限公司

机械结构调校及优化方法 **10**

续表 10-1

编　号	车模外观和规格	赛题组	供应厂商
H 型车模	电机：RS-380	信标组	北京科宇通博科技有限公司

注：D、E 两轮车模可以通过增加第三万向轮，改装成三轮车，参加三轮组的比赛，改装 D、E 车模需要按照公布的改装规范进行。除了上述车模之外，无线节能组可以购买任何商用车模进行改装或者自制车模。参加室外越野电磁组的队伍还可以分别选用博思公司和科宇通博公司提供的越野车模。如果认为两家车模厂商所提供的越野车模价格高，可以在上述表格中的车模基础上，通过更换更大的轮胎使其满足室外越野的要求。车模的销售信息请在竞赛网站查看。

10.2 "恩智浦"智能车竞赛车模修改要求

对于参加节能组、室外越野组的车模的改装没有具体限制。但六种车模作为比赛中四轮组、三轮组、双车组、信标组统一平台，对于车模的机械的调整与修改有着严格要求，具体要求如下：

① 禁止不同型号车模之间互换电机、舵机和轮胎。

② 禁止改动车底盘结构、轮距、轮径及轮胎；如有必要可以对于车模中的零部件进行适当删减。

③ 禁止采用其他型号的驱动电机，禁止改动驱动电机的传动比。

④ 禁止改造车模运动传动结构。

⑤ 禁止改动舵机模块本身，但对于舵机的安装方式，输出轴的连接件没有任何限制。

⑥ 禁止改动驱动电机及电池，车模前进动力必须来源于车模本身直流电机及电池。

⑦ 禁止增加车模地面支撑装置。在车模静止、动态运行过程中，只允许车模原有四个车轮对车模起到支撑作用。对于电磁平衡组，车模直立行走，在比赛过程中，只允许原有车模两个后轮对车模起到支撑作用。

⑧ 为了安装电路、传感器等，允许在底盘上打孔或安装辅助支架等。

⑨ 参赛车模的车轮需要是原车模配置的车轮和轮胎，不允许更改使用其他种类的车轮和轮胎，不允许增加车轮防滑胶套。如果车轮损坏，则需要购买原车模提供商

出售的车轮轮胎。允许对车轮轮胎做适当打磨,但要求原车轮轮胎花纹痕迹依然能够分辨。不允许对车轮胎进行雕刻花纹。

参赛队伍的轮胎表面不允许有黏性物质,检测标准如下:

车模在进入赛场之前,车模平放在地面 A4 打印纸上,端起车模后,A4 打印纸不被粘连离开地面。检查过程如图 10-1 所示。

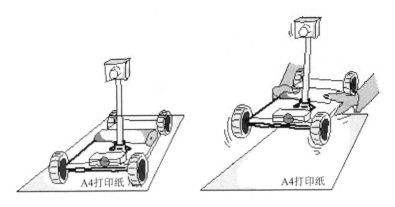

图 10-1 车模检查方式

10.3 "恩智浦"智能车竞赛车模简介及优缺点分析

本节对智能车竞赛竞速比赛中的各种车模进行介绍并做优缺点分析,希望读者可以通过本节内容选择到适合自己的车模类型。

(1) B 型车模

老版 B 型车模在此不再介绍(已经停产),目前市面上销售的 B 型车模都为新版 B 型车模;也叫 2B 型车模,由北京科宇通博科技有限公司提供。

2B 型车架长 28.5 cm,宽 17.8 cm,高 6.0 cm,底盘采用 2.5 mm 厚的黑色玻璃纤维板,全车滚珠轴承,前后轮轴高度可调(离地间隙 0.75～1.65 cm),双滚珠差速。2B 型车架如图 10-2 所示。

2B 型车模配 S-D5 数码舵机,舵机尺寸 4.05 cm×2.05 cm×3.8 cm,工作电流 200 mA,堵转电流 800 mA,工作频率 50～300 Hz,质量 44 g,扭力 5.0 kg·cm,动作速度≤(0.14±0.02) s/60°。S-D5 数码舵机如图 10-3 所示。

2B 型车模配 RS-540 电机,工作电压范围为 5.4～9 V,额定工作电压为 7.2 V,空载转速 15 000±10%,最大转速 17 300±10%,空载电流 2.4 A,最大电流

图 10-2 B 型车模

11.6 A,最大力矩 24.8 mN·m,最大输出功率 51.49 W。RS-540 电机如图 10-4 所示。

图 10-3 S-D5 数码舵机　　　　　图 10-4 RS-540 电机

2B 型车模优点:2B 型车模配备 RS-540 电机,具有强大的动力输出,针对动力而言,2B 型车模强于 C 型车模。

2B 型车模的缺点:2B 型车模配备的 S-D5 舵机较软,在响应速度和输出力矩上有些差强人意,S-D5 舵机的输出齿轮是塑料的,容易出现扫齿的现象;2B 型车模底盘采用 2.5 mm 厚的玻璃纤维,在其强大的动力输出情况下容易出现撞坏底盘的现象。

(2) C 型车模

老版 C 型车模不再介绍(已经停产),目前市面上销售的 C 型车模都为新版 C 型车模,也叫 C1 型车模,由东莞市博思电子数码科技有限公司供货。

C1 型车模尺寸为 25.8 cm×18 cm×7 cm,配备双电机,车身较为坚固。C1 型车模如图 10-5 所示。

C1 型车模配备 S3010 舵机,S3010 舵机使用电压范围为 4.0～6.0 V,使用温度为-10～45 ℃,6.0 V 时输出扭矩可达(6.5±1.3) kg·cm,6.0 V 时动作速度可达(0.16±0.02) s/60°。S3010 舵机如图 10-6 所示。

图 10-5 C1 型车模　　　　　图 10-6 S3010 舵机

C1 型车模配备双 RS-380 电机,RS-380 电机电压 7.2 V,空载电流小于 630 mA,最大功率大于 20 W,空载转速(15 000±3 000) r/min,通常市面所购买车模均自带电机。RS-380 电机如图 10-7 所示。

C1 型车模优点:相对于 2B 型车模而言,C1 型车模对称性较高;C1 型车模为双电机车模,双电机的差速控制给编程带来了新的内容,差速控制跟舵机转向机构相配合可实现更加完美的弯道处理方法;C1 型车模自带舵机支架、摆臂、摇杆、球头及 MINI 编码器支架,使得 C1 型车模组装更加方便。

C1 型车模缺点:C1 型车模的动力性能弱于 2B 型车模。

(3) D 型车模

D 型车模为第七届大赛开始引入的双轮平衡车,第十二届进行了改版,其实,D 型车模就是去掉前轮的 C 型车,由东莞市博思电子数码科技有限公司供货。

D1 型车模车尺寸为 18 cm×20 cm×6.5 cm,轮距为 100 mm,配备双 RS-380 电机,车轮直径为 64 mm,配备双 RS-380 电机。D1 型车模如图 10-8 所示。

图 10-7　RS-380 电机

图 10-8　D1 型车模

(4) E 型车模

E 型车模为第九届大赛引入的双轮平衡车,配备双 RS-380 电机,由北京科宇通博科技有限公司提供。

E 型车模底盘为塑胶材料,尺寸约为 23.5 cm×21 cm×7.5 cm,全车滚珠轴承。预留光电码盘及光电测速管空间;并预留 25 mm 直径编码器安装接口。E 型车模如图 10-9 所示。

(5) F 型车模

F 型车模为三轮车模,配备双 RS-380 电机,可伸缩底盘,前轮支架由四组弹簧组件组成,配备独立双排万向轮,车模尺寸为 25.2 cm×18 cm×6.4 cm,由东莞市博思电子数码科技有限公司提供。F 型车模如图 10-10 所示。

机械结构调校及优化方法

图 10-9　E 型车模

图 10-10　F 型车模

(6) H 型车模

H 型车模配备四个 RS-380 电机，底盘为高强度玻璃纤维，车模尺寸为 25 cm × 20 cm × 6.9 cm，预留光电码盘及光电测速管空间，并预留 25 mm 直径编码器安装接口。其麦克纳姆轮由 10 个小滚轮组成，车轮直径 61 mm，宽 24 mm，轮毂内圈塑胶材料，外沿为 2.2 mm。高强度金属材料，小滚轮为塑胶件并外套硅胶。由东莞市博思电子数码科技有限公司提供。H 型车模如图 10-11 所示。

图 10-11　H 型车模

10.4　常用的零件加工方式介绍

(1) 3D 打印

3D 打印（3DP）即快速成型技术的一种，它是一种以数字模型文件为基础，运用粉末状金属或塑料等可黏合材料，通过逐层打印的方式来构造物体的技术。

金属打印及工业级的打印机价格较为昂贵，而普通的 3D 打印机学校实验室和很多 3D 打印爱好者都有，已经属于一种较为常用的器件加工手段，3D 打印机的使用也比较简单，通常可分为三步。第一步：根据自己的实际需求将自己需要的零件进行三维建模；第二步：将绘制完成的三维图纸保存为打印机可识别的格式（通常为 STL 格式）并导入 3D 打印机；第三步：调整 3D 打印机打印导入的零部件。普通打印机打印的零件相对来说较为粗糙而且存在一定误差，对于对精度要求较高的零部件也可考虑在网上找 3D 打印的厂家（工业级打印机）进行打印加工。

3D 打印可以做到很高的精度和复杂程度，不需要传统的刀具、夹具和机床或任何模具，就能直接从计算机图形数据中生成任何形状的零件。3D 打印可以快速并且精确地将计算机中的设计转化为模型,甚至直接制造零件或模具,从而有效地缩短产品研发周期。但是,3D打印同样有着很大的局限性。由于3D打印的分层制造存在"台阶",每个层都具有一定的厚度,若需要制造的对象表面是圆弧形,那就会造成精度上的偏差。并且,目前供3D打印使用的材料非常有限,能够应用于3D打印的材料还非常单一,以塑料为主,并且打印机对单一材料也非常挑剔。

(2) 激光雕刻

激光雕刻加工是利用数控技术为基础,激光为加工媒介,加工材料在激光照射下瞬间的熔化和气化的物理变性,达到加工的目的。激光雕刻通常用来加工平面板材,对板材进行打孔、切割、划片等工艺。通常可以加工金属、亚克力、碳纤维、玻璃纤维等常见板材。激光加工与材料表面没有接触,不受机械运动影响,表面不会变形,一般无须固定就可加工。激光雕刻还不受材料的弹性、柔韧影响,方便对软质材料加工。激光雕刻加工精度高,速度快,应用领域广泛,但也存在着加工立体零件困难的局限。

(3) 机加工

机加工是机械加工的简称,是指通过机械精确加工去除材料的加工工艺。机械加工主要有手动加工和数控加工两大类。手动加工是指通过机械工人手工操作铣床、车床、钻床和锯床等机械设备来实现对各种材料进行加工的方法。手动加工适合进行小批量、简单的零件生产。数控加工(CNC)是指机械工人运用数控设备来进行加工,这些数控设备包括加工中心、车铣中心、电火花线切割设备、螺纹切削机等。绝大多数的机加工车间都采用数控加工技术。通过编程,把工件在笛卡尔坐标系中的位置坐标(X,Y,Z)转换成程序语言,数控机床的CNC控制器通过识别和解释程序语言来控制数控机床的轴,自动按要求去除材料,从而得到精加工工件。数控加工以连续的方式来加工工件,适合于大批量、形状复杂的零件。

这三种加工方式各有优缺点,大家应该根据材料的类型、零件的结构与现有加工条件综合考虑,甚至可以考虑在网上找加工厂家加工。

10.5 "恩智浦"智能车的机械调校

(1) 舵机安装

四轮车的前转向机构由舵机提供转向能力,所以舵机的安装与调试显得尤为关键。历经十几届智能车竞赛,选手们对于舵机的安装方式主要有三种:卧式、扣式和立式。

卧式安装方式如图10-12所示,舵机平放于底板上,整体质心很低。但由于舵盘位置不在底盘中心轴上,所以左右拉杆的长度不一样,这样会导致转向力量不对称。所以很少有选手采用这种安装方式。

扣式安装的舵盘在舵机下面,如图10-13所示。整个结构比较稳固,质心也比

图 10-12 舵机卧式安装

较低,由于舵盘在底盘中心轴上,所以转向左右是对称的。舵机摆臂的长短可以随舵机安装位置微调,这样可以根据舵机的转向力矩与转向速度合理地安排摆臂长度,对于转向系统是十分有利的,不过整体结构占底盘面积较大,且安装较为复杂。

图 10-13 舵机扣式安装

立式安装分为前置立式与后置立式,图 10-14 所示即为前置立式,后置立式是舵机安装于离底盘中心近的一边,由于后置立式占用了底盘中部的空间,所以一般很少有同学采用后置立式的方式。前置立式由于转向对称、占用空间小、转向机构响应速度快、安装方便等特点,在选手中很受欢迎。不过前置立式质心较高,且摆臂长度的增加需要将舵机垫高,所以改装难度大,垫高后相应质心也会增高。

图 10-14　舵机立式安装

(2) 前轮的调试

前轮的调试主要包括前轮主销后倾角、前轮外倾角与前轮前束。

主销是指转向轮转向时的回转中心,所谓主销后倾,是将主销(即转向轴线)的上端略向后倾斜,如图 10-15 所示。从汽车的侧面看去,主销轴线与通过前轮中心的垂线之间形成一个夹角,即主销后倾角。主销后倾可以保持汽车直线行驶的稳定性,并促使转弯后的前轮自动回正。也就是说,主销后倾角越大,越有利于智能车直线行驶的稳定和转向后自动回正的特性,但主销后倾角增大的同时也会增加车轮转向的阻力,使转向变慢。所以需要选择合适的主销后倾角来保证车模在行驶时有足够的回正力矩,又要避免过大的回正力矩使转向沉重。

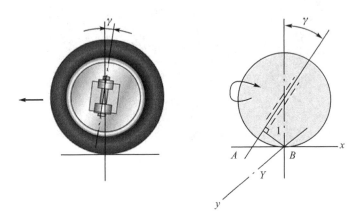

图 10-15　主销后倾角示意图

前轮外倾角是前轮的上端向外倾斜的角度,如图 10-16 所示。若前面两个轮子呈现"V"字,则称为正倾角,呈现"八"字则称负倾角。由于前轮外倾可以抵消由于车的重力使车轮向内倾斜的趋势,减小车模机件的磨损与负重,所以可以适当调整合适的外倾角使转向灵活。

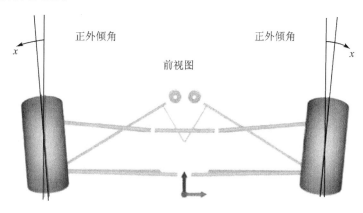

图 10-16　前轮外倾角示意图

前轮前束是前轮向内倾斜的程度，如图 10-17 所示。当两轮的前端距离小后端距离大时为内八字，前端距离大后端距离小时为外八字。由于前轮外倾使轮子滚动时类似于圆锥滚动，从而导致两侧车轮向外滚开。但由于拉杆的作用使车轮不可能向外滚开，车轮会出现边滚边向内划的现象，从而增加了轮胎的磨损。前轮外八字与前轮外倾搭配，一方面可以抵消前轮外倾的副作用，另一方面由于车模前进时车轮由于惯性自然地向内倾斜，外八字可以抵消向内倾斜的趋势。外八字还可以使转向时靠近弯道内侧的轮胎比靠近弯道外侧的轮胎的转向程度更大，则使内轮胎比外轮胎的转弯半径小，有利于转向。

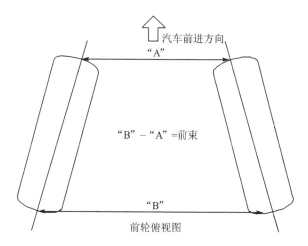

图 10-17　前轮前束示意图

调整前轮主销后倾角是调整图 10-18 椭圆圈中的位置，可以通过加减垫圈数量来改变主销后倾角。前轮外倾角的改变是通过上图中圆圈中的双头螺丝调节,而前轮前束则是调节舵机连杆的双头丝杆,改变连杆长度来改变前轮前束角。

图 10-18　前轮需要调整的部分

(3) 后轮差速器的调试

在第 7 讲中,我们提到了差速的概念,这里则主要说一下差速器的调试方法。如图 10-19 所示框中,是 B 型车模的差速器。在转弯时,若差速过紧,使得两个驱动轮不能达到其合适的转速,就会使两个驱动轮互相角力,从而使整体的抓地力下降;若差速过松,则会导致两个轮子过度空转,使电机的驱动能力下降,降低电机的加减速能力。

图 10-19　B 型车模的差速器

在实际调整过程中,需要对机械差速机构进行仔细校正,如图 10-20 所示。检验差速机构性能是否良好可以采用以下方式:固定两个后轮轮胎,再用手推动差速齿盘,此时应该感受到阻力很大;固定住差速齿盘,转动其中一个后轮,另一个后轮能够反向转动。若是两项测试都通过的话差速器就调好了。

图 10-20　B 型车模差速器调整方法

（4）传动齿轮的啮合

由于传动齿轮将电机输出的动能传递到轮胎上，所以齿轮的啮合非常重要。若齿轮啮合过松，会导致出现杂音，加减速不及时，甚至会打齿。齿轮啮合过紧则会带来能量损失和灵活性不够的问题。调整齿轮啮合可以这样测试：用手捏住后级齿轮，转动前级齿轮，若前级齿轮晃动范围小，说明齿轮间隙小；若是松开后级齿轮后转动前级齿轮，后级齿轮可以轻松转动，那齿轮的啮合就满足要求了。传动齿轮处可以增加齿轮专用油脂来润滑。

（5）轮胎的处理

小车在达到一定速度后过弯时难免会出现打滑的现象，这时就需要对轮胎进行优化处理，增大对赛道的摩擦力。新轮胎并不是一开始就要处理，最好装车跑过一段时间后再针对性地处理。有的轮胎不处理就可以，越跑摩擦力越大，因此这种轮胎平常经常擦拭做好维护就可以。而有的轮胎需要使用专用的轮胎软化剂，使轮胎内的橡胶分子链距离增加，减小分子间的作用力并产生润滑作用，使分子链间容易滑动从而增加轮胎塑性。市面上可以购买到轮胎软化剂，每次使用时均匀喷涂在轮胎表面即可，使用频率大概是两天一次，也可以每天跑完就喷涂，第二天用时擦掉就可以。

另外，巨大的摩擦力必然会导致车轮在急转时轮胎产生侧向形变，所以需要将轮胎与轮毂紧紧粘在一起，确保转向时抓地力不流失。通常使用硅橡胶，使用后需要静置数小时。

（6）防撞结构

车模在行驶过程中难免发生失控冲出赛道的情况，为了保证爱车不被撞坏，除了在赛道周边增加阻拦外，需要在自己的车模前端增加防撞结构，常见的防撞结构材料有碳杆、海绵、金属支架等，可以先用碳杆或者金属做一个支架，再增加海绵防撞。

（7）传感器支架

智能车用到的传感器通常有摄像头、电磁、姿态传感器等。

首先看电磁传感器,电磁传感器与光学传感器不同,它需要传感器支架来增加前瞻距离,所以要想提速就要增加支架的长度,继而带来转动惯量大的问题。因此在搭建支架时,需要折中考虑前瞻长度,尽量使用轻便的材料搭建支架(见图 10-21)。

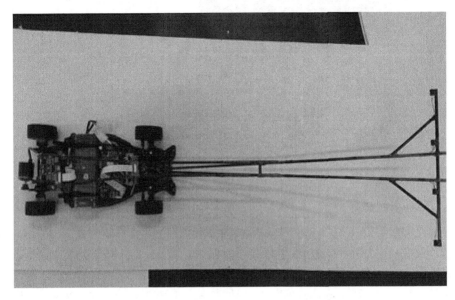

图 10-21　参赛选手采用的电磁传感器支架

摄像头支架的要求没有电磁传感器支架高,摄像头支架只需挑选韧性高、硬度高的材料,将支架尽量搭建在车模质心位置,减少转动惯量(见图 10-22)。

图 10-22　参赛选手采用的摄像头传感器支架

姿态传感器如加速度传感器与陀螺仪,安装位置最好在平衡车的转动轴心上,其高度不能太高也不要太低,太高会导致噪声大、易受干扰、不稳定等问题,太低的话则不灵敏。此外,姿态传感器需要远离电机,避免电机转动时的电磁干扰影响到传感器数据采集。

(8) 整体布局

智能车的整体布局应遵循质心低的原则,电池作为整车中质量较大的器件,需要紧贴底盘,越低越好,且尽量靠近整车质心靠后一点的位置。其他部件例如电路板也需遵循质心低的原则。此外,左右两边应该尽量对称,这样左右转向也会对称,对转向控制有利。对于直立车来说,质心低更加重要。

对智能车来说,需要注意的外廓尺寸有:最小离地间隙、接近角、离去角等。这些参数对于平整的跑道来说,不会存在问题。但对于有坡的跑道来说,如果参数不当,就会出现被坡道"卡住"的现象。

最小离地间隙 h ——当车辆满载时,车辆底盘距离平整路面的最小距离,如图10-23所示。该参数衡量了车辆的通过能力,一个离地间隙小的车辆当通过坡道时,如果 $h_1 \leqslant 0$,则会发生划底盘或被坡道"卡住"的现象。

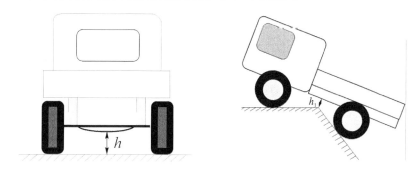

图 10-23 最小离地间隙

接近角 γ_1 ——汽车满载静止时,汽车前端突出点向前轮所引切线与地面的夹角。

离去角 γ_2 ——汽车满载静止时,汽车后端突出点向后轮所引切线与地面的夹角。

接近角 γ_1 与离去角 γ_2 如图10-24所示。

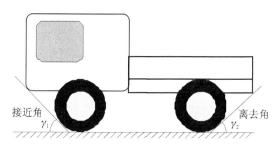

图 10-24 接近角与离去角

车辆前端触及地面而不能通过的现象称为触头失效,如图10-25所示。接近角越大时,越不容易发生触头失效。

车辆尾部触及地面而不能通过的现象称为拖尾失效,如图 10-26 所示,拖尾失效不但容易破坏坡道,在特定环境下,还容易使小车后轮悬空空转,从而被卡在坡道开始处。离去角越大时,越不容易发生拖尾失效。

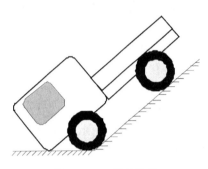

图 10-25　触头失效

图 10-26　拖尾失效

智能车竞赛中设置了坡度不超过 20°的坡道,制作小车时需要保证接近角、离去角大于 20°,否则就会发生触头、拖尾失效。小车在上坡时会减速、下坡时加速,加减速时小车的前后悬架高度会因质心偏移而降低,所以需要适当增大小车的接近角和离去角,保证动态时小车也不会发生触头、拖尾失效。

(9) 质心位置调校

汽车的性能与其质心有紧密关联,在智能车调校过程中需要先找到小车的质心位置,然后根据质心位置调校整体布局以达到最好的机械性能。图 10-27 所示为车辆坐标系。坐标系的原点与质心重合。

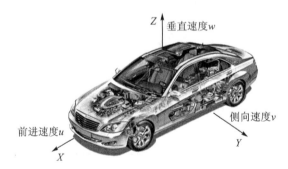

图 10-27　车辆坐标系

根据车辆坐标系,我们知道质心在 X 轴上的位置间接体现了汽车前后轴荷分布,而前后轴荷对转向和制动性能有所影响。质心在 Y 轴上的位置体现汽车左右质量对称性,与汽车的运动对称性紧密关联。而质心在 Z 轴上的位置与汽车的侧倾有关。

下面分别介绍 X、Y、Z 三轴质心位置的测量方法,测量工具:2 kg 电子秤

(2台)、卡尺(1把)。

测量步骤：

① 按图10-28所示将小车的前后轴分别放在两个电子秤上，保证小车前后轮在两个电子秤上位置相同；

② 读取前后电子秤上的读数分别为 F_f、F_r。

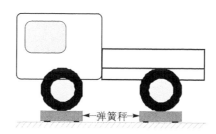

图10-28　X轴质心测量

代入公式：
$$X_1 = \frac{F_f L}{F_f + F_r}$$

式中：

X_1——质心至前轴中心线的水平距离；

L——轴距；

F_f——前轴轴重(前电子秤读数)；

F_r——后轴轴重(后电子秤读数)。

汽车理论中有关操纵稳定性内容中涉及稳定性因数 K，K 与汽车质心在 X 轴方向的位置的关系如下：

$$K = \frac{m}{L^2} \left(\frac{b}{|k_1|} - \frac{a}{|k_2|} \right)$$

式中：

K——稳定性因数；

m——汽车质量；

L——轴距；

a——质心至前轴中心线的水平距离；

b——质心至后轴中心线的水平距离；

k_1——前轮侧偏刚度；

k_2——后轮侧偏刚度。

由于前后轮规格型号一致，侧偏刚度 $k_1 = k_2$。那么，决定 K 值大小的就是质心至前后轴中心的距离。

当 $a > b$ 时，$K < 0$，不足转向特性；

当 $a = b$ 时，中性转向特性；

当 $a<b$ 时,过多转向特性。

智能车为竞赛小车,具备一定的过度转向特性有助于高速过弯。因此,a 需要略小于 b,也就是说后轴略大于前轴。实际调校时,可以根据通过调整电路板、电池、舵机等部件的前后位置来调节质心位置。

测量步骤:

按图 10-29 所示将小车的左侧两车轮和右侧两车轮分别放在两个电子秤上,保证小车同一侧前后轮都在电子秤托盘上。

图 10-29 Y 轴质心测量

代入公式: $$Y_1 = \frac{F_{右} L}{F_{左} + F_{右}}$$

式中:

Y_1——质心至左侧车轮中心线的水平距离;

L——轴距;

$F_{左}$——左侧两车轮承重(左电子秤读数);

$F_{右}$——右侧两车轮承重(右电子秤读数)。

智能车竞赛中稳定性和对称性是很重要的,转向不对称会导致小车顺时针和逆时针过同一个弯道时出现不同的姿态,甚至出现顺时针可以顺利通过而逆时针无法通过的状况。

智能车是运动的执行机构,机械方面的对称是转向对称性能的保障。通过测量质心在 Y 轴方向的位置可让我们得知智能小车在机械方面是否对称,同时我们可以调整零部件的左右位置来达到机械对称。

测量步骤:

① 按图 10-30 所示将小车的前轮用垫块抬高,后轮放在电子秤上;

② 读取电子秤数据 F_{r1};

③ 测量后轮半径 r。

代入公式: $$Z_1 = \frac{F_{r1} - F_r}{F_f + F_r} \frac{L}{\tan \alpha} + r$$

式中:

$\alpha = \arccos \frac{l}{L}$;

Z_1——质心高度;

L——轴距;

l——前轮抬起后前后轮的水平距离;

r——后轮半径;

F_{r1}——前轮抬起后的后轮轴重(电子秤读数)。

汽车侧翻是指汽车在行驶中绕其纵向轴转动 90°或更大角度,以致车身与地面

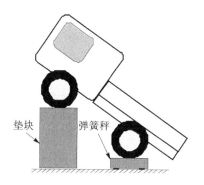

图 10-30 Z 轴质心测量

接触的一种极其危险的侧向运动。有很多因素可能引起汽车的侧翻,包括汽车结构、运动状态及道路状况等。汽车在道路上行驶时,由于汽车的侧向加速度超过一定限制会引起车体侧翻。

智能车竞赛中也发生过侧翻现象,主要是因为侧向加速度太大导致小车侧倾角度超过阈值角度所致。由于智能车的左右轮距一定,因此一定要尽量降低小车的质心。在以往的比赛中,也有个别队伍通过反装前车轮的方式来增加轮距的,如果比赛没有明确禁止,这种措施是可以采取的,但同时要考虑改变后的其他参数调整问题。

附录 A

U－X－F101 系列智能车套件

　　U－X－F101 系列智能车套件包含 U－ADO－F101 智能车套件及 U－STM－F101 智能车套件两款产品，其主控芯片分别为 Arduino 单片机和 STM32 单片机。Arduino 单片机是一款便捷灵活、方便上手的开源硬件产品，具有丰富的接口，可拓展性极高，且可进行图像化编程，操作简单易懂，更适合于智能车爱好者的初学者。STM32 单片机为 MCU 用户开辟了一个全新的自由开发空间，并提供了各种易于上手的软硬件辅助工具。STM32 单片机融高性能、实时性、数字信号处理、低功耗、低电压于一身，同时保持高集成度和开发简单的特点，更适合于有一定基础的智能车爱好者。U－STM－F101 智能车如图 A－1 所示，U－ADO－F101 智能车如图 A－2 所示。

图 A－1　U－STM－F101 型车模　　　　图 A－2　U－ADO－F101 型车模

　　两款智能车套件可通过扫描以下二维码购买(见图 A－3、图 A－4)。

图 A－3　U－STM－F101 型淘宝　　　　图 A－4　U－ADO－F101 型淘宝
　　　　购买二维码　　　　　　　　　　　　　购买二维码

STM32 智能小车套件购买链接：

https://item.taobao.com/item.htm?spm=2013.1.0.0.2ca94a56lOWAFJ&id=576959161871

Arduino 智能小车套件购买链接：

https://item.taobao.com/item.htm?spm=2013.1.0.0.56fd39f0TeCEvt&id=577612076860

附录 B

U-X-F101 智能车组装说明

B.1 元器件目录

U-STM-F101 型车模清单分别如图 B-1 和图 B-2 所示。

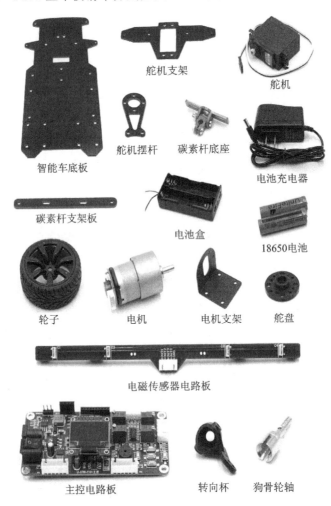

图 B-1 U-STM-F101 型车模清单(1)

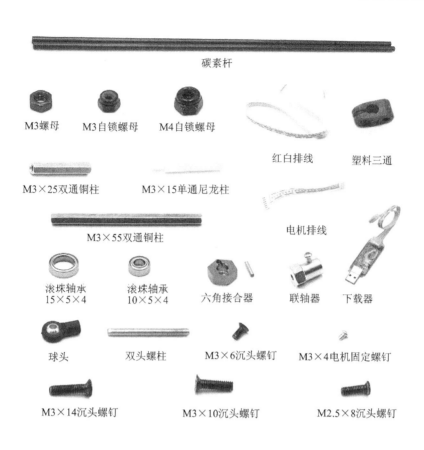

图 B-2 U-STM-F101 型车模清单(2)

B.2 元器件清单

元器件清单如表 B-1 所列。

表 B-1 元器件清单

名称	数量	名称	数量	名称	数量
智能车底板	1	18650 电池	2	M3×14 沉头螺钉	10
舵机支架	1	电池充电器	1	M3×6 沉头螺钉	3
舵机(含舵盘)	1	主控电路板	1	M3×10 沉头螺钉	40
舵机摆杆	1	电磁传感器电路板	1	M2.5×8 沉头螺钉	5
转向杯	2	碳素杆支架板	2	M3 自锁螺母	5
滚珠轴承 φ10	2	碳素杆底座	4	M4 自锁螺母	3

续表 B-1

名　称	数　量	名　称	数　量	名　称	数　量
滚珠轴承 φ15	2	电机	2	M3 螺母	32
狗骨轮轴	2	电机支架	2	40 cm 红白排线	1
六角结合器	2	碳素杆	2	10 cm 电机排线	2
联轴器(带螺丝顶丝)	2	M3×25 双通铜柱	6	塑料三通	2
轮子	4	M3×55 双通铜柱	2	电池盒	1
球头	4	M3×15 单通尼龙柱	4	工具(螺丝刀+套筒)	1
双头螺柱	2	M3×4 电机固定螺钉	16	下载器	1

B.3　装配说明

(1) 舵机及固定铜柱安装说明

所需元器件：舵机×1、舵机支架×1、M3×10 螺钉×6、M3 螺母×6、M3×25 双通铜柱×4。图 B-3 所示为舵机安装零件。

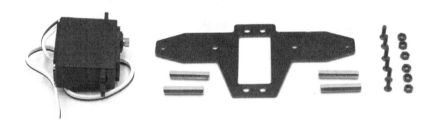

图 B-3　舵机安装零件

安装步骤如下：

① 将 4 个 M3×10 螺钉、4 个 M3 螺母分别安装到舵机 4 个固定孔处(注意螺钉朝向)，如图 B-4 所示。

图 B-4　舵机固定螺丝安装

② 将舵机安装到舵机固定板并用铜柱及螺母固定(注意舵机与舵机固定板的安装方向),如图 B-5 所示。

图 B-5 舵机支架安装

③ 用螺钉将铜柱固定于舵机固定板中间内侧固定孔处,如图 B-6 所示。

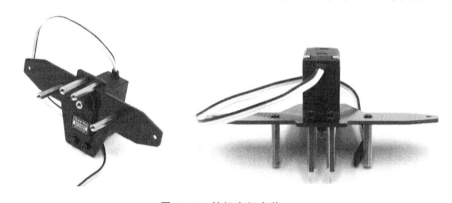

图 B-6 舵机支架安装

(2) 转向装置安装说明

所需元器件:上一步装配完成舵机×1、舵盘×1、舵机摆杆×1、球头×4、双头螺栓×2、M3×10 沉头螺钉×3、M3×14 沉头螺钉×4、M2.5×8 沉头螺钉×4、M3 螺母×2、M3 防松螺母×4、M4 防松螺母×2、M3×25 双通铜柱×4、轮子×2、转向杯×2、狗骨轴承×2、ϕ10 滚珠轴承×2、ϕ15 滚珠轴承×2、六角接合器×2、底板×1。

安装步骤如下:

① 用 M3×10 沉头螺钉及 M3 螺母将舵机摆杆固定于舵盘上(注意安装方向),如图 B-7 所示。

② 将舵机调到中值位置(该舵机为 180°舵机,中值位置即舵机 90°位置,因电路板出厂时都下载有检测程序,因此将舵机接到电路板相应位置,打开电路板开关后,舵机所保持的转角位置即舵机的中值位置,在接舵机时注意正负极,舵机黑色引线对应负极)后,用 M3×10 螺钉将舵盘固定于舵机上(舵机摇杆窄侧朝下),如图 B-8 所示。

图 B-7　舵盘安装

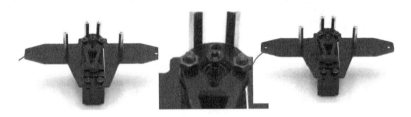

图 B-8　舵机支架总装

③ 将球头和球头拉杆装配到一起。两球头孔距约为 45 mm 为宜,具体距离(前轮内倾角)根据需要调整,如图 B-9 所示。

图 B-9　连杆安装

④ 用 M3×14 沉头螺钉、M3 防松螺母将装配好的球头拉杆与舵机摆杆固定在一起(注意球头与舵机摆杆的上下位置,防松螺母在拧紧的过程中比较难拧,但一定要将其拧到底),如图 B-10 所示。

图 B-10　舵机总装

⑤ 用 M3×10 的沉头螺钉将装配好的舵机固定于底板上,如图 B-11 所示。

图 B-11　舵机总装

⑥ 将 φ10 滚珠轴承及 φ15 滚珠轴承分别安装到转向杯相应位置,如图 B-12 所示。

图 B-12　转向杯轴承安装

⑦ 将转向杯、狗骨轴承、六角接合器(先将销子插入狗骨轮轴)、轮子、M4 防松螺母依次装配到一起(备注:当 M4 防松螺母拧紧后会出现轮子转不动的情况,此时将 M4 防松螺母稍松开一些即可,在 M4 防松螺母没有拧紧前小心六角接合器的销子掉出来,防松螺母在拧紧过程中比较难拧,但一定要将其拧到合适位置,在安装六角接合器时,若发现六角接合器安装困难可更换新六角接合器进行安装,以免造成轮子转动不顺畅的情况),如图 B-13 所示。

图 B-13　前轮安装

⑧ 用 4 个 M2.5×8 的沉头螺钉于转向杯,于智能车底板及舵机支架处将装配好的轮子固定到底板上去,如图 B-14 所示。

图 B-14　前轮安装

⑨ 用 M3×14 沉头螺钉及 M3 防松螺母将球头和转向杯固定起来（注意螺钉朝向及球头和转向杯的上下关系），如图 B-15 所示。

图 B-15　前轮转向连杆安装

(3) 驱动装置安装说明

所需元器件：电机×2、电机支架×2、M3×4 螺钉×12、M3×10 沉头螺钉×8、M3 螺母×8、轮子×2、联轴器×2。

① 用 M3×10 沉头螺钉及 M3 螺母将电机支架固定于底板上（注意电机支架与底板的上下关系），如图 B-16 所示。

② 用 M3×4 螺钉（白色）将电机固定到电机支架上（安装电机时注意电机轴的位置，电机轴靠近底板为正确的固定方式），如图 B-17 所示。

图 B-16　电机支架安装　　　　　图 B-17　电机安装

③ 将联轴器固定电机轴上（拧紧联轴器径向螺钉），如图 B-18 所示。

④ 联轴器轴向的螺钉拧下并用此螺钉将轮子固定于联轴器上，如图 B-19 所示。

图 B-18　电机联轴器安装　　　　图 B-19　后轮轮胎安装

（4）电池盒及电路板安装说明

所需元器件：M3×6 沉头螺钉×2、M3 螺母×6、M3×15 单通尼龙柱×4、电池盒×1、18650 电池×2、电路板×1。

① 用 M3×6 沉头螺钉将电池盒固定于底板上（注意螺钉朝向），如图 B-20 所示。

图 B-20　电池盒安装

② 将电池安装到电池盒内（注意电池正负极，最好在电池装入电池盒之前将电池盒引线与电路板焊接好，防止电池装入后电池盒正负引线接触短路）。

③ 用 M3×15 单通尼龙柱 M3 螺母及 M3×10 沉头螺钉将电路板固定于底板上（注意电路板安装方向，开关位于左下角为正确安装方向），如图 B-21 所示。

图 B-21　电路板安装

（5）电磁传感器电路板安装说明

所需元器件：碳素杆支架板×2、碳素杆底座×2、碳素杆×2、M3×10沉头螺钉×12、M3×55双通铜柱×4。

① 将碳素杆底座拼装完整，如图B-22所示。

图B-22　碳素杆底座组装

② 用M3×10沉头螺钉及M3螺母将碳素杆底座、碳素杆固定板及M3×55双通铜柱固定在一起，如图B-23所示。

图B-23　电磁传感器支架安装（1）

③ 用M3×10沉头螺钉将安装好的碳素杆支架分别固定于底板中部及前部，如图B-24所示。

图B-24　电磁传感器支架安装（2）

④ 将碳素杆固定于装配好的碳素杆底座上，如图B-25所示。

⑤ 用塑料三通、M3×14沉头螺钉及M3螺母将电磁传感器固定于碳素杆上，如图B-26所示。

图 B-25　电磁传感器支架安装(3)

图 B-26　电磁传感器安装(4)

(6) 接线说明

按照电路板接口说明,将装配好的智能小车电机线、舵机线及电磁传感器电路板排线连接到智能小车主控电路板上。样品如图 B-27 所示。

图 B-27　整车效果

保证U-X-F101智能车机械部分稳定的首要前提是严格按照装配说明进行装配！本章节将介绍一下在智能车组装过程中需要注意的问题，以及智能车组装完成后可能会出现的问题及解决措施。

B.4　U-X-F101智能车组装注意事项

① 组装过程中所有步骤需要的螺钉、螺母等元器件一定要严格按照装配说明所规定的型号选用。

② 仔细阅读装配说明，装配过程中不要漏掉步骤。

③ 在装配过程中一定要特别注意螺钉等元器件的朝向及各元器件的上下配合位置关系。

④ 装配过程中所有螺钉螺母一定要拧紧或拧到装配说明所要求的位置。

⑤ 在装配电路板时，最好戴手套或应用防静电装置，严禁裸手直接触碰电路板芯片。

⑥ 在装配过程中或调试过程中要尽量避免水、钥匙、下载线金属头等导体触碰到智能车电路板，防止发生短路现象。

附录 C

U-X-F101 智能车用户手册与常见问题解答

C.1 整车各部分说明

整车效果见图 C-1 和图 C-2。

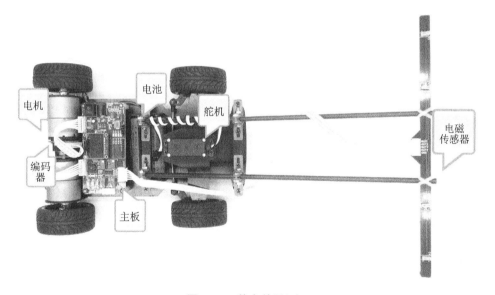

图 C-1 整车效果(1)

C.2 主板使用说明

① 主板使用四线 J-Link 通过 SWD 接口下载,下载调试程序方便;
② 采用双节锂电池充电器通过主板直接为锂电池充电,电池不用拆卸即可充电;
③ 整车采用大量的防反插接口,接口处均有清晰的标注,使用方便;

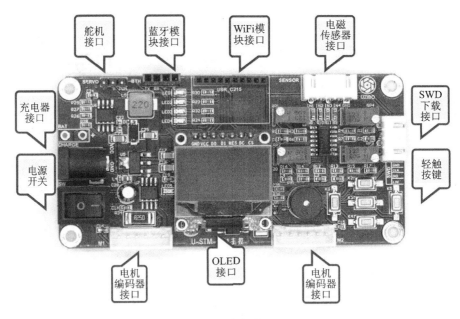

图 C-2 整车效果(2)

④ 主板板载 4 颗蓝色 LED,5 个轻触按键,1 个有源蜂鸣器,可以让初学者学习 GPIO 基本的输入输出操作;

⑤ 引出 4 路电磁传感器 AD 接口,采用低噪声轨至轨运放 TLV2464C 放大电磁信号,能精准地解析出赛道电磁信号的变化;

⑥ 引出 1 路舵机控制接口,采用大电流 DC-DC 降压芯片 MP1584 为舵机供电,供电充足、效率高;

⑦ 电机采用高速大扭矩电机,使用大功率双 H 桥电机驱动,整车最高速度可达 3 m/s;

⑧ 采用 AB 相编码器,可分别测量两路电机的正反转速;

⑨ 引出 0.96 寸 7 线 OLED 接口,配合按键可实现与车模的人机交互;

⑩ 引出 1 路蓝牙串口模块接口,引脚可以兼容市面上大部分的蓝牙串口模块(如 HC05、HC06)及无线串口模块;

⑪ 支持 WIFI 模块 USR_C215。

C.3 参数说明

整车参数说明见表 C-1。

表 C-1　整车参数说明

项　目	说　明
工作温度	-15～60 ℃
充电器参数	输出:8.4 V 1 A
电池参数	3.7 V 8 800 mWh
电机参数	额定电压 12 V,额定扭矩 0.5 kg·cm,减速比 10∶1,输出空载转速 1 500 r/mim,编码器精度 130 线
舵机参数	工作电压:4.8～6 V,可转角度 180° 扭矩:13 kg·cm(6 V)
整车尺寸	23.6 cm×18.5 cm(不包含电磁传感器和支架)

C.4　使用注意事项

① 舵机需要按照主板标注进行接线,黑色线为舵机地线,需要接到主板标注"一"的引脚,切记不要接反,接反可能导致舵机损坏;

② 蓝牙或无线串口模块接到主板时请注意引脚顺序;

③ USR-C215 无线 WIFI 模块请按照丝印框安装,OLED 屏幕安装在主控芯片上面,切记不要接反或错位接插;

④ 安装锂电池时请按照电池盒底部说明进行安装;

⑤ 请勿使用其他充电器进行充电;

⑥ 电池电压低于 7.3 V 后电机驱动能力会大幅下降,请及时对电池充电。

C.5　常见问题解答

(1) 锂电池维护问题

智能车套件所用电池应注意使用时每节电压不要低于 2.75 V,一旦低于 2.75 V 锂电池可能会损坏,无法进行下一次充电。一般两节电池使用时低于 7.3 V 后就应该及时充电,测量电池电压可以采用万用表电压档测量的方式,也可以使用主板上的电源电压采集电路通过单片机采集并显示在 OLED 屏幕上。

电源电压采集电路如图 C-3 所示。电池电源通过电阻分压,将电源电压降到单片机 ADC 引脚可以接受的电压,通过单片机 ADC 可以将 AD_BAT 处的电压计算出来,再通过以下公式计算电源电压。

$$V_{\text{VCC-BAT}} = V_{\text{AD\_BAT}} \times \frac{R_{20}+R_{25}}{R_{25}} \quad \text{(C-1)}$$

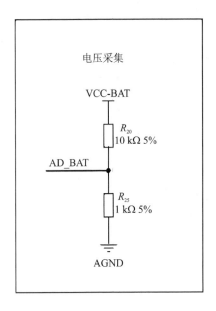

图 C-3　电源电压采集电路

通过简单修改 ADC&DMA 例程中的 sensor.c 可以计算出 AD_BAT 处的电压。

```
uint16_t   g_ADC1_ConvertedValues[5] = {0,0,0,0,0};
//senser.c 里存放 ADC 数据的数组,多一个来存放电源电压采集数据
RCC_APB2PeriphClockCmd(RCC_APB2Periph_GPIOA|RCC_APB2Periph_GPIOB,ENABLE);
                                                             //初始化时钟
GPIO_InitStructure.GPIO_Pin =   GPIO_Pin_0;
GPIO_Init(GPIOB, &GPIO_InitStructure);        //初始化 PB0
ADC_InitStructure.ADC_NbrOfChannel = 5;       //开启 5 个转换通道
ADC_RegularChannelConfig(ADC1, ADC_Channel_8, 5, ADC_SampleTime_28Cycles5);
//设置 ADC 通道与采样时间
DMA_InitStructure.DMA_BufferSize = 5;         //DMA 通道的 DMA 缓存的大小
extern  uint16_t   g_ADC1_ConvertedValues[5];  //senser.h 里外部声明修改
```

sensor.c 中改完后需要在 main.c 中添加电压计算显示程序。

```
int main(void)
{
  BSP_Initializes();
  OLED_ShowString(0 ,0,"Power:    mv")  ;      //显示字符
  while(1)
  {
  OLED_ShowNum(48 ,0,(u16)(g_ADC1_ConvertedValues[4] * 8.86),4,15);    // adc / 4095 *
3300 * 11 = adc       * 8.86
    Delay_ms(500);        //为避免过于频繁地刷新导致看不清楚,增加了延时
  }
```

}

（2）丝杆与球头断开

智能车组装好后进行运行调试时，有些同学可能会出现图 C-4 的情况，转向连杆部分的球头与丝杆经常断开。出现这种情况的常见原因是丝杆两头旋进球头的长度差别很大，导致一端旋进球头很少，这样球头与丝杆连接处就会经常断开。

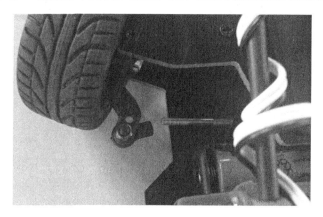

图 C-4　跑车过程中丝杆与球头断开

所以解决方法是，在将丝杆拧进球头时，应注意左右球头拧进去的圈数是差不多一致的，并且拧到两球头孔间距大约为 45 mm，防止球头与丝杆松脱（见图 C-5）。

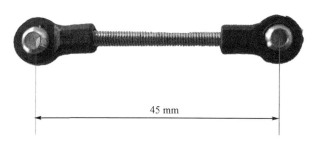

图 C-5　两球头间距最佳为 45 mm

（3）电机轴与联轴器松脱

智能车在跑车调试时可能会出现后轮甩掉的现象，一般是电机轴与联轴器之间的径向固定螺丝变松（见图 C-6）。

联轴器与电机轴固定时，一定要将联轴器径向固定螺钉在电机轴平面方向拧紧，可将拧紧后的联轴器螺钉加少许热熔胶防松，或在拧紧联轴器径向固定螺钉前加少许厌氧胶以达到防松的目的。

（4）舵盘安装

舵盘的安装最好让摆臂向左与向右的摆动幅度相同，可以采用以下方式调试（见图 C-7）。

图 C-6　跑车过程中联轴器与电机轴松脱　　图 C-7　舵机舵盘与摆臂的安装

　　用 Servo 例程,将程序下载到单片机后打开小车电源开关,这时舵机会自动转到 90°的位置,如果此时舵盘不在中央位置,可以将舵盘取下,重新安装至中央位置。若调整过程中舵机转向过大导致前轮卡死,请及时关闭电源查找原因,舵机卡死易导致舵机损坏。

　　若无法将舵盘安装至 90°位置,可在调试界面时改变 ServoValueTest 的数据,直至使舵盘居中,记录这个数据。调车时使用这个数据作为舵机的中值即可。

　　调试界面是下载完成时 IAR 的当前界面,可以利用 IAR 的调试界面进行数据查看,程序仿真等调试工作(见图 C-8)。LiveWatch 数据查看窗口的打开可以单击 View 下拉菜单中的 LiveWatch。LiveWatch 只能查看全局变量和静态变量的数据,要查看一些局部变量时需要将变量转为全局变量。定义一个 ServoValueTest 变量,初值为舵机中值,将他作为 Servo_Control 函数的参数,直接控制舵机,这样修改 ServoValueTest 的值就可以直接改变舵机的转角。在 IAR 的调试界面 LiveWatch 数据查看窗口输入 ServoValueTest,就可以直接查看它的值了,改变 ServoValueTest 的值,前轮会转向,当前轮摆正时,此时 ServoValueTest 的值就是舵机的中值。

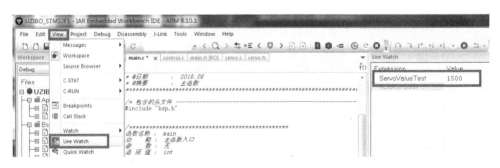

图 C-8　servo 例程下的 IAR 调试界面

(5) 舵机左右转时达不到最大偏转角度

如图 C-9 所示，在进行调试时可能会出现小车左转最大时左边转向轮已经顶住车底盘，而右转最大时右边转向轮距离顶住底盘还有很大一块距离，也就是说舵机的右转能力被限制了。

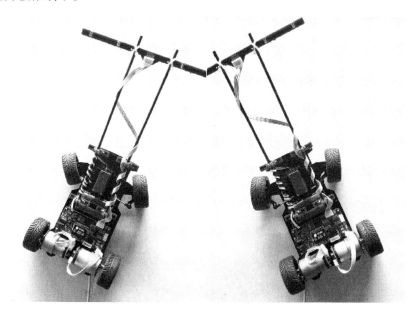

图 C-9 智能车左转与右转不一致

若出现这种情况，可以通过修改图 C-10 中方框内的数据来调整。

```
/* 使用宏定义防止递归包含 ---------------------------------*/
#ifndef _SERVO_H
#define _SERVO_H

/* 包含的头文件 -----------------------------------------*/
#include "stm32f10x.h"

/* 宏定义 ---------------------------------------------*/
//由于机械结构的安装不同，这两个值必须被重新调试
#define SERVO_MID 1500
#define SERVO_MIN 1200
#define SERVO_MAX 1800

/* 函数申明 -------------------------------------------*/
void Servo_Configuration(void);
void Servo_Control(u16 DutyCycle);
#endif
/**** Copyright (C)2018 UZIBO. All Rights Reserved ****/
```

图 C-10 servo.h 中舵机左右限幅值的宏定义

SERVO_MID 是舵机中值的宏定义，前面提到的调整舵机中值，最后可以将 ServoValueTest 的值赋值给 SERVO_MID，这样使用舵机中值数据的时候可以调用 SERVO_MID。SERVO_MIN 与 SERVO_MAX 是舵机转向的最小值与最大值，这

两个值的设立是为了防止舵机左右打角过大使前轮卡到底盘。前轮卡到底盘前轮无法转动,而且舵机卡死容易损坏舵机。所以,当前轮卡到底盘后要马上关闭电源,保护舵机。

若 SERVO_MIN 过大,SERVO_MAX 过小,会导致上面第二个图的现象,前轮的最大转角变小,这样会导致过急弯时由于转不到最大的角度,智能车转向效果变差。

这两个值的调试方法可以参考前面舵机中值的调试,通过改变 ServoValueTest 的值来找到前轮刚好卡不到底盘的位置,这样找出的两个值既不会卡死前轮,又能达到很好的转向效果。

(6) 四路传感器运算放大器倍数调节

如图 C-11 所示,四个圆圈内是四路运放的电位器旋钮,使用小号一字螺丝刀可以拧动,改变运算放大器的放大倍数。调试时可以边拧动旋钮,边观察 OLED 屏幕上的数据变化。通常需要调试四路传感器的最大值一致即可。每一路传感器的最大值是当对应电感在电磁线正上方时。

图 C-11　四路运放放大倍数调节

(7) 使用归一化算法时传感器的最值标定

数据归一化的目的是将所有电感 AD 转化的结果归一化到了一个同一的量纲,其值只与传感器的高度和小车的偏移位置有关,与电流的大小和传感器内部差异无关。归一化包括传感器标定与数据归一化。传感器的标定就是获取传感器的转换结果的最值过程,主要是为了数值归一化做准备,在单片机上电之后左右晃动车模,采集每个电感的最大值与最小值。

可以使用 ReadAD 例程、综合例程或者自己编写归一化程序来进行最值标定。如图 C-12 所示,将智能车摆正放置在已通电磁信号的赛道上,旋转车头,让传感器上的电感依次经过赛道电磁线正上方区域时,记录电脑上对应电感传回的数据,找到一个最大值,此时为这一路的最大值标定。而每路对应的最小值标定,只要电感偏离赛道电磁线，找到相应的最小值即可。需要注意的是，标定时传感器高度要与车自主循迹时的高度相同。

图 C-12　四路电感值最值标定

参考文献

[1] 綦声波，张玲. "飞思卡尔"杯智能车设计与实践[M]. 北京：北京航空航天大学出版社，2015.

[2] 闫琪，王江，等. 智能车设计："飞思卡尔杯"从入门到精通[M]. 北京：北京航空航天大学出版社，2014.

[3] 黄德先，王京春，金以慧. 过程控制系统[M]. 北京：清华大学出版社，2014.

[4] 马文蔚. 物理学[M]. 北京：高等教育出版社，2006.

[5] 郑辑光，韩九强，杨清宇. 过程控制系统[M]. 北京：清华大学出版社，2012.

[6] 张铁山. 汽车测试与控制技术基础[M]. 北京：北京理工大学出版社，2007.

[7] 刘金琨. 先进PID控制MATLAB仿真[M]. 2版. 北京：电子工业出版社，2007.

[8] 全国大学生"恩智浦杯"智能汽车竞赛组委会，竞赛秘书处. 第十四届竞速比赛规则与赛场纪律[EB/OL].（2018-11-14）. https://smartcar.cdstm.cn/index/fontWjss/13/7/13553.html.

[9] 全国大学生"恩智浦杯"智能汽车竞赛组委会，竞赛秘书处. 第十四届参考赛道及赛道元素[EB/OL].（2018-11-14）. https://smartcar.cdstm.cn/index/font-Wjss/13/7/13553.html.